個人無限公司

転職と副業のかけ算
生涯年収を最大化する生き方

轉職和副業的相乘x生涯價值最大化生存法

翻轉自我價值專家
moto 著
羅淑慧 譯

方舟文化

contents

第二章 在大賣場和徵才活動學到的「成果」所帶來的工作方法

第三章　靠四次轉職持續提高年收入的「轉職術」　97

第四章 運用主業賺錢的「上班族副業」 197

推薦序

善用有限職涯，創造無限發展

晉麗明　104人力銀行資深副總經理

在工作中我遇過形形色色的上班族朋友；每個人對於工作都有深刻的體驗與認知；同時，基於廣泛的資訊與多元的價值觀，大家對於工作與職涯都有無限的期許與想像。

尤其是「多職人」與「斜槓人生」的概念深植人心，每位上班族都挖空心思，希望藉由專業、人脈的積累與個人品牌的塑造，創造多元的成就與收入。

然而，實際觀察職場的現況，多數人卻「事與願違」，即使有部份積極努力的上班族，成功突破障礙與瓶頸，在職場上創造成功的故事。

但是，大部份的人卻是載沉載浮、受困當下、裹足不前；甚至，有些人在嚴峻的考驗下，中箭落馬、跌落職場泥沼、難以自拔。

這其中包括涉世未深的年輕人、而立之年的青壯年，也有老謀深算的職場老鳥。要能成為職場的常勝軍，並不容易，這也是為什麼多數職場上班族總覺得工作機會不多、伯樂難覓、有志難伸的原因。

臺灣的上班族平均需要在職場上度過四十個年頭，如果不想虛度年華、原地空轉。以下的幾個重要的觀念，值得你仔細省思。

創造成功的故事

大部分的企業大多喜歡錄用「有成功故事」的人，所以不論是學生、職場新鮮人或是上班族朋友，往往都企圖傾其之力去創造績效，為自己的職涯寫下可歌可泣的成功事蹟，這些點點滴滴的成就與戰功，也終會為自己打造堅不可摧的職場堡壘。

這也是為什麼「開疆闢土」的業務戰將及「從無到有」的研發人員，始終備受企業青睞；因為具體、可數據化的目標與成果，最能展現價值與貢獻。如果想要在職場上屹立不搖、無可取代，現在就開始創造「成功的故事」。

除了工作中的事，別忘了工作以外的事

在不確定的時代裡，政治、經濟、科技、新商模、病毒疫情，任何事件都可能影響你的工作與職涯；**所有人與組織都不靠譜，只有自己的「專業技能」最牢靠**。

上班族必須時時刻刻展現「危機意識」，而具體行動，就是從工作中延伸附加價值及創造多元的機會；例如，業務人員除了銷售產品、創造獲利外，也可將經驗著作成書、或把開發客戶、談判、溝通的技巧規劃成為課程；而更高的層次則是將本業的資源，運用到跨界領域中。一魚多吃、左右逢源，既可創造舞台，也能有多元的收入。

對自己要求高一點

未來是「服務為王」的時代，我們檢視大街小巷四處奔忙的外送大軍，就可以清楚預測——「服務商機」絕對會讓人們「愈來愈懶惰」。

我曾經在課堂上調查大學生的競爭力，有位同學的回饋讓我印象深刻：「因為多數同學不努力，所以未來我將更容易成功！」

就如同這位同學說的，我建議想成功的上班族「對自己要求高一點」。面對任何事，如果能多盡一點努力、多用一分心思，長期匯集的力量，有朝一日就可能足以撼動職場山河。

天下武林，唯快不敗

兩岸的上班族有幾個具體的差異——

臺灣人有八分能力只說三分，大陸人有三分能力，可以吹捧到十分；臺灣企業有八分把握才出手，而大陸企業有三分認知就殺進市場，邊做邊調校。

兩者都有道理，也各有成敗，但是「速度為王」的時代趨勢；「快」與「慢」決定機會與勝負。

凡事都是「知易行難」，「執行力」加上「速度」，就能掌握捷足先登的商機！

職涯發展，就像一場攀岩的競賽

面對「不確定的時代」，無論是職場新鮮人或職場老鳥而言，職涯都像籠罩著迷霧般一片迷茫；要能撥雲見日並不容易，除了職場體悟之外，也必須有正確的觀念及行動的引導。

這本由日本職涯規劃專家ｍｏｔｏ所撰寫的《個人無限公司》，作者藉由親身的體驗與經歷，闡述、列舉真實且可實踐的方法，來教導上班族如何強化競爭力，並有效創造工作機會及增加多元收入。

書中的想法與做法，許多都與我在104人力銀行工作的觀察與認知不謀而合，有助於上班族釐清思維、創造自己的附加價值，同時也激勵大家發揮行動力，有效設計與經營工作職涯！

職涯與人生都像攀岩一樣，每一步皆須步步為營，看清楚未來三步的落腳處，以免失足就成千古恨。

期待《個人無限公司》，能為各位讀者在「有限的職涯」，創造「無限的機會與價值」！

推薦序

錢是膽，公司不是你的靠山

黃大米／暢銷書作家

大學畢業後，人生的戰場鳴槍起跑，誰先進入大企業，就是優先搶到成功的入場券，外人羨慕的眼光就像是鎂光燈，錦上添花照亮前方的道路，指引出康莊大道方向。但職場真的這麼簡單？進入大企業就是人生的坦途與保障？當然不是。

更務實地來看，進入大企業身價就能鍍金嗎？多數不是。收視率最高的電視台給新鮮人的起薪最低，醫院龍頭給菜鳥醫生的價碼也比行情少，每年都擠進大學生最愛企業的文青書店百貨公司，薪水也很窮酸，這些企業吃定新鮮人要大企業的品牌加持身價，完全不擔心沒有應徵者，你不做還有其他人搶著做。

相反的，有些知名度不高的小企業，因為徵才不易，薪水卻大方許多，新鮮人進入職場的第一課，就是在「空有公司品牌的虛名」與「荷包豐厚」中做選擇，而要看透大企業迷思與捨棄別人羨慕的目光，需要很大的智慧與勇氣。

在這本《個人無限公司》中，作者本身在職場上的條件並不好，念的是連日系大企業都不願錄取的短期大學，畢業後被知名企業的「求職高牆」逼到黯淡角落乏人問津，他的突圍過程很值得學習，我認為即便放在臺灣的職場也很適應：

一、寫信給社長，這看似唐突且瘋狂的舉動，卻讓他有了許多面試的機會。

二、製作網站介紹自己，無所不用其極地介紹自己。

三、**把自己當商品來販售，面試時強調自己可以替公司帶來怎樣的貢獻。**

這三件事情，在我出第一本書時，我也做過，當時為了到廣播與電視節目上打書，我直接寫信給當紅的主持人，附上我的影音連結，強調自己的口才很ＯＫ可以替節目加分，果然我也因此得到上節目的機會。

這本書分享了許多爭取機會的過程，每一步都很值得學習，書中不僅僅教你如何在職場上突圍，更教你如何透過每次轉職與經營副業都獲得更高的收入。

作者是一個從小就滿腦子都是錢的人，他把賺錢的信念執行很徹底，當他發現錄取大企業，不見得一定有錢途，他毅然捨棄人人稱羨的機會，選擇到未來成長性比較大的大賣場工作，年收入僅有兩百四十萬日圓，十年之後，他的年收邁入千萬日圓，創造了翻身的傳奇。

他對於職場的觀察非常敏銳，他發現資深員工長期在公司任職後，年收高於平均，但他們本身的市場價值往往又是另外一回事，隨著年資越高越來越依賴企業，但當今的企業自己都朝不保夕，隨時有沉船的危機，又如何能給員工天長地久的安穩呢？而所謂的安穩，對他來說不是從企業領取一份豐沛的薪水，而是如何不依靠公司的招牌也能賺到錢。

基於對大企業的不信任，他在錄取後仍不斷規劃下次的轉職，**轉職不是目的，而是實現個人願望的手段**，轉職的目標就是賺取比現在更高的年收入，隨時看轉職資訊，不僅沒有損失也是再替自己找機會。

我也認為，**對企業的不忠誠，就是對自己內心的渴望與夢想忠誠**，在職場上如果太重感情，就是對這場勞務與金錢交易最深的誤解，職場就是一個市場，公司不是你的家，老闆也不是你的家人，你盡力幫公司達標，公司給你薪水，銀貨兩訖，就已經謝天謝地。

在這個職場飄搖的時代，作者是如何打造出四千萬的身價？絕對不是靠老闆給的，這也讓我想起有次上節目，主持人說他認識的某位小編月薪高達一百五十萬，小編轉身離職去創業做電商，我笑著問說：「這絕對不是月薪，一定是加上獎金，老闆不可能給這種薪水。」

答案果真如此，上班族能領的月薪，十多萬就已經是不得了的數字，這數字背後是打敗了多少英雄豪傑，才能登上高階主管的寶座，因此扣除業務單位，上班族要靠薪水發大財談何容易？

因此發展副業是條必須走的道路，這個副業可以從你原本的專業中去尋覓，例如替公司做企劃、行銷、美編的人，可以試著接外包案子，在原本的領域中去發展副業，或者以自己的興趣去發展副業，積極增加收入的管道，就不會擔心明天如果丟了飯碗會斷糧，這不僅是分散風險的概念，也是讓你變得更有膽量，此話怎麼說呢？

人在年紀大了後，對高風險的新創事業會較為膽怯，但當你有了副業後，你就可以無後顧之憂地做出大膽的決定，拚搏更多可能，甚至因此得到更高的回報。

本書可以教你在職場上如何爭取工作機會、如何評估與規劃轉職、發展副業等等，內容非常務實且閱讀後會有很大收穫，書中有句話說，「錢的數量等同於內心的寬裕」金錢越寬裕，越能做出大膽的決定，**錢是膽，公司不是你的靠山，發展副業更多元的賺錢，你才能得到一生的自由與安穩。**

前言

薪水不是別人給的，而是自己「賺來的」

為什麼一個原本年收入僅二百四十萬日圓的大賣場店員，最後會成為年收入五千萬日圓的上班族呢？

畢業後，在大賣場工作的我，以年薪二百四十萬日圓的職業作為個人職涯的起點。身為一個負責收銀、處理客訴的店員，就連中秋節、新年都必須早晚工作，甚至還被年底返鄉的朋友質疑：「你是在打工嗎？」我永遠記得那種憋屈的感受。

從那之後，經過了十年。我歷經了四次的轉職，運用那些職涯，透過副業，成為以上班族身分年收入千萬日圓，同時靠副業賺取年收入四千萬日圓的人。現在的我，任職於某間創投公司擔任業務經理。

我沒有高學歷，也並非生長在富裕家庭。我生長在長野縣的鄉下，最高學歷是短期大學[1]畢業。至今仍每天早上搭東京地下鐵擁擠的電車上班，中午在吉野家吃午餐，以一年兩次的特賣會為目標，去伊勢丹購物，是個非常平凡的上班族。

許多人聽到高年收，往往會聯想到「創業當老闆」或是「投資獲利」。可是，若辭掉上班族的工作，選擇自行創業或是轉戰投資理財，其實都是件非常困難的事情，對我來說也是如此。

於是，我選擇一**邊享受「上班族」的好處，一邊靠自己的能力「穩妥」地賺取金錢**，以增加生涯年收入。

上班族得到的工作經驗十分有價值，但許多人都忽略了這一點。只要懂得利用，那些經驗和知識將成為個人賺取金錢的「根基」。

1 短期大學：日本的短期大學為二戰下的產物，由於當時日本資源不足，難以開設四年制大學，因此開立希望在短時間內，以二年或三年制畢業，培育進入職場後能夠發揮對社會有用的人才。

事實上，我個人四千萬日圓的副業收入，便是透過分享上班族工作上所獲得的知識、經驗，以及個人的轉職經驗等「上班族有利資訊」所賺來的收入。

任何人都擁有這種「有利於人的資訊」。工作時間是人生當中最長的時間，所有人都可以藉此獲得許多的經驗和知識。耗費許多時間，辛苦工作所得到的經驗，對於同樣辛苦工作的上班族來說，都能成為莫大的有利資訊。我一直想把所謂的「個人市場價值」發揚光大。

就是把所獲得的經驗和成果套用在「轉職」和「副業」上面——也就是利用「相乘」的關係，讓生涯年收入最大化。

我認為這種方法，是眾多為職涯所苦的上班族十分值得採納的戰略。為什麼呢？因為**轉職和副業是「任何人都能運用的技術」**。

可是，實踐這種方法的人並不多。

「就算轉職，還是沒辦法提高年收入吧？」
「就算做副業，也賺不了什麼大錢吧？」

許多人都因為這樣的想法而望之卻步。

的確，你也可以選擇一家公司，一輩子窩在那裡工作。可是，**在現在的時代裡，別說「認真埋頭苦幹」加不了薪，時局變化之快，說不定幾天後，就連平淡安逸的職涯生命都可能面臨危險**。

不少人在四十多歲後就被迫提早退休或轉職，但也有人才剛畢業卻因為能力卓越而年收入數千萬日圓。現在便是這樣的時代。

自己只能靠自己守護

本書將跟大家分享，截至目前為止，我運用轉職和副業「讓生涯年收入最大化的生存方法和觀念」。

這個觀念已經透過網路的傳遞，獲得許多人的贊同和認可，但過去只有做過片面性的介紹。因此，我將在本書盡可能地詳細公開我一直以來全面的觀念。

首先，序章將以時代的變遷為基礎，說明為什麼現在的上班族需要轉職和副業。

接著，第一章將從我對「賺錢」行為有所覺醒的幼年時期開始，介紹我從短期大學畢業後，決定到大賣場任職的背後想法。

第二章則將連同當時的生涯插曲，一起介紹我在四次轉職過程中所領悟到的提高年收入的想法。

第三章和第四章將分享，讓我成功賺到年收入五千萬日圓的轉職和副業的具體知識。

最後的第五章則是彙整，把轉職和副業相乘，使生涯年收入最大化的上班族生存法。

無論是轉職也好、副業也罷，工作方法當然也會影響到生存方法。「希望轉職提高年收入」、「希望提高身為上班族的市場價值」、「希望能有薪資以外的收入」、「希望減少對養老金的不安」，希望這本書能夠讓抱持著這些想法的人看完後從中得到收穫。

在未來的時代裡，不論是公司或是組織，都不可能保障我們的職業生涯。自己只能靠自己守護。

試著在你的人生，確實運用「轉職」和「副業」，重新提升自己的市場價值，以及今後的職涯吧！

序　章

「靠自己賺錢」
才是真正的穩定

在不知道哪艘船才會沉沒的現代社會中，

讓自己處於「隨時都可以轉換跑道的狀態」，才是最重要的。

在沒有標準答案的現代社會中存活

近幾年，經常聽到「轉職」和「副業」之類的名詞。原因就在於，人們對不確定的未來感到不安，對當前的薪資待遇也感到不滿。

日本的經濟在昭和時代後期（一九六六年～一九八九年）開始快速成長。挑起部分重責的制度便是「終身僱用制度」[2]和「年功序列制度」[3]。

一旦進入企業就職，即保障員工可持續任職直到退休，同時依照在公司任職的年資，增加固定比例的薪資。這些制度不僅保障了員工的生活，同時也支撐著日本企業的發展。

然而，過去支撐日本經濟發展的這些制度即將結束。令和年代宣告到來後，揭開序幕的是——戰後支撐經濟發展至今的日本企業，相繼表明不再繼續採用「終身僱用制度」的新聞。

日本最大車廠「豐田汽車」的社長豐田章男表示：「終身僱用已經達到極限」。日本經濟團體聯合會（Japan Business Federation）的會長中西宏明，也針對終身僱用制，發表「制度疲勞」的看法。對今後即將步入社會的新鮮人，或是已經在職場工作的上班族來說，這無疑是個令人震驚的消息。

從這類話題便可知道，「大企業＝安定」的概念即將結束。**從昭和延續到平成的「大企業信仰」已成幻想**。時代已經從平成變化成令和，而**過去的理所當然，已經不再是理所當然**。

事實上，近年，帶動日本經濟躍進的大型企業，正在實施大規模的重組（Restructuring）。因此，原本一味相信終身僱用，進入公司任職，

---

2 終身僱用制度：日本企業推行的聘僱制度，讓無犯大錯的員工，即使表現平平，也可從入職安然工作到退休。

3 年功序列制度：日本的企業文化，以年資和職位論資排輩，訂定標準化的薪水。通常搭配終身僱用制度，鼓勵員工在同一公司累積年資直到退休。

持續遵從公司指示的員工，可能會在某天突然成為重組（裁撤）的對象，而被上司規勸提前退休。

他們在公司長時間任職，年收入高於平均。可是，他們本身的「市場價值」卻又是另一回事。從成為重組對象的這件事來看，便可清楚了解，即便企圖跳槽到其他公司，轉職的就職市場也會變得相當嚴峻吧？

隨著時代的變化，不光是企業，個人也必須跟著改變。**究竟該怎麼做，才能夠在工作、教育、幼兒教養等一切事物都沒有「標準答案」的現代社會中生存呢？答案就是「擁有個人賺錢的能力」**。

靠自己賺錢的能力創造「安定」

在今後的時代裡，我認為「安定」的定義不再「仰賴於企業」，而會逐漸轉移成「個人賺錢的能力」。

昭和和平成時代的「安定」的定義，在於「大企業或組織的歸屬」。只要進入大型企業任職，就能憑藉著年功序列，按照任職年資升遷。薪資也會隨著任職年資自然上漲，而且也不會被開除。只要沒有引起嚴重的糾紛，在公司安分地工作，任何人都能拿到退休金，在退休年齡順利退休。大家都是這麼認為的。

可是，在現代，「安定的企業」並不存在。

基於財力和品牌影響力，「不會馬上倒閉的企業」確實存在，但是，那種組織未必能夠保障自己所屬＝個人安定。企業能否存活是一回事，自己是否能夠在該公司存活又是另一回事，完全是八竿子打不著的問題。

近年，連知名大企業都不乏負面的話題，不是以四十五歲以上的員工為對象，招募自願退休者，就是降薪，又或者是隨著企業合併而採取降職、調遣等做法。

「歸屬於大型企業」和「大型企業可以讓自己存活」已經是天方夜譚。你可以把企業招牌當成錯覺資產加以利用，但是擁有「身在大型企業＝讓自己安定」這樣的錯覺，可說是非常危險的事情。

你必須拋棄掉「公司幫自己安排職涯」或是「薪資是別人給的」這樣的傳統觀念，抱持著「職涯靠自己規劃」、「靠自己提高年收入」、「透過副業靠自己賺錢」這樣的想法。

成為不仰賴企業的上班族

進大企業任職就等於安定，抱持著這種想法的人，就跟沉沒的豪華客輪「鐵達尼號」上的乘客沒兩樣。

一九一二年，當時世界最大的客輪鐵達尼號，在從英國南安普敦開往美國紐約的處女航中，撞擊到冰山而沉沒。意外的倖存者阿奇博・格雷西上校（Archibald Gracie）描述輪船沉沒前的景象，「大海就像一面鏡子，星星清晰地倒映在平滑的水面上」。

登上船的所有乘客萬萬沒有想到，自己會在這艘豪華客輪上遭逢難以想像的恐懼。鐵達尼號的設計十分良好，即便全區十六個區域中的四個區域進水，仍然不會沉沒，但卻在意外發生後才發現，這樣的設計仍然不夠完善。

在電影《鐵達尼號（Titanic）》中，客輪開始沉沒時，許多乘客紛紛跑向還沒有沉沒的船頭。所有人都以船頭為目標，「緊貼」著逐漸沉沒的船身，試圖讓自己獲救。

試著把這種情況套用在企業上面。當公司面臨破產的時候，如果沒有跳槽到其他公司，只是緊抓著公司，結果會是如何？緊貼著沉船，企圖讓自己殘存的人，只能讓自己的命運隨著沉船一起沉淪。若想得救，就**必須學會靠「自行求生的能力」**。

如果你明天去公司上班，卻遭到上司開除，你有辦法神情自若地說：「我知道了，我會坦然接受。」嗎？

「自己隨時都能夠轉職」
「不論在任何環境，都能靠自己賺錢」
「除了薪資以外，我還有其他收入」

實現這樣的狀態，才能獲得**「真正的安定」**。**與其仰賴一家公司，持續不斷地工作，倒不如在多間公司累積經驗，增加自己的市場價值，才是最好的自我防衛對策**。

然而，不論轉職或副業，千萬不要以轉換跑道為目的。無論如何，

■上班族的「安定的定義」改變了

過去上班族的安定
單靠薪資，老後也能安逸生活
只要進入大型企業就職，就能安泰
把人生奉獻給公司是標準答案
靠年功序列晉升
終身僱用的瓦解
變化成 Job 型僱用
薪資體系的變化
提早退休的年輕化
今後的上班族的安定
人生不仰賴於公司
隨時都可以轉職
不靠公司的招牌賺錢
靠副業賺取薪資以外的收入

把轉職或副業當成提高個人市場價值的「手段」，才是最重要的事。

轉職或副業是讓自己獲得更多高薪、全新成長、改變個人處境的機會，是任何人都可以運用的手段。**在不知道哪艘船才會沉沒的現代社會中，運用這些手段，讓自己處於「隨時都可以轉換跑道的狀態」，才是最重要的。**

第一章

選擇低起薪
大賣場工作的理由

根據自己的目標，描繪出適合自己的求職地圖，
如果這個「看起來很好」的選項，
最終無法幫助你達到目標，那麼一切都是徒勞。

第一章將為大家介紹，我過去的人生是如何走來，同時在每個不同的時期，我又學到了哪些東西。

首先是我從年少時期開始，一直到剛畢業後進入大賣場工作的故事。我的職涯觀念便是在這個過程中奠定下基礎。

為什麼對賺錢感興趣？為什麼選擇短期大學，「堅持」進入大賣場工作？我會在這本書中跟大家分享，在那些選擇背後，我真正的想法。

「自己的錢自己賺」賣精靈寶可夢的小學生

我的父親是個非常嚴肅的人。

尤其對「飲食」、「金錢」和「時間」最為嚴格，自年幼時期開始，外食當然不用說，甚至連泡麵等食物都不准吃。上了國中之後，父親依然嚴格，卡拉ＯＫ、烤肉、保齡球，全都嚴格禁止，務必嚴守下午五點的門禁時間，電視一天最多可看一個小時，和一般的家庭相比，我的幼年時期真的限制很多。

父親對「金錢」更是特別嚴苛，從小學時期開始，我完全沒有拿過紅包或半點零用錢的記憶。基本上，家裡本來就沒有給零用錢的習慣。

父親是個非常熱愛工作的人，他在二十歲創業販賣家具。父親原本是在靠著販賣香菇和日本生薑營生的貧困家庭中長大。父親年幼時期的貧困體驗和自營業的辛苦經驗，讓他深知「賺錢的辛苦」。「自己的錢自己賺」便是我父親的口頭禪。

雖然在金錢和時間方面，父親並沒有給我們完全的自由，但他卻十分重視家人之間的溝通，因此，我非常喜歡父親，也相當以他為傲。

另一方面，即便我還是個小學生，自己的事情還是得自己做，如果有喜歡或是想要的東西，就**必須靠自己賺錢**。

看朋友們到可以理所當然向家裡拿零用錢，或是遇到自己喜歡的東西，可以隨自己的心意買下來時，我總是難過地想著——「如果能有更多錢，那該有多好。」

我第一次靠自己賺錢的時候就是小學生的時期。我用親戚給我的紅包，買了當時十分熱門的遊戲《精靈寶可夢（Pocket Monsters）》，然後，把遊戲最初得到的寶可夢賣給同學，用這種方式賺到了錢。

精靈寶可夢在遊戲開始時，要先從「火系」、「水系」、「草系」當中選擇其中一種系列的寶可夢，然後，再開始進行遊戲。在最初的三隻寶可夢當中，沒有選到的另外兩隻角色，就算遊戲再怎麼進展，仍然沒辦法捕獲。

於是，我便把目標鎖定在這裡。

「如果我把大家都沒有的寶可夢賣給朋友，不就能賺到錢了嗎？」

果然不出所料，我的初始寶可夢十分暢銷。不進行遊戲，每次重置，取得寶可夢，然後把它賣給想要的朋友。就用這種方式，一百日圓、兩百日圓、三百日圓……持續不斷地累積金錢。

以前，我總是羨慕朋友有零用錢可拿，但是，透過這樣的體驗，我才知道**「自己賺錢的樂趣」**。就這樣，即便上了國中、高中也一樣，我就這樣漸漸迷戀上「賺錢」這檔事了。

靠遊戲的空盒賺錢的「轉賣國中生」

國中時期，我十分熱衷於高價「轉賣」二手買進的遊戲軟體。我會詢問購買了新遊戲的朋友，「那個遊戲的空盒可以送我嗎？」請不需要空盒的朋友，把那個盒子送給我。然後，我會直接去遊戲專賣店，購買「中古，並且沒有外盒」的同名遊戲軟體，再把遊戲軟體放進外盒裡面進行販售。

這樣一來，賣出的價格就會比買進的價格高出許多。尤其，用麥克筆寫上名稱的二手遊戲軟體可以用低價買入，因此，買進之後，只要想辦法用稀釋劑把遊戲名稱擦掉，再裝進全新的外盒裡面販售，就可以獲得更高的利潤。

對不想要盒子的朋友來說，遊戲軟體的空盒就跟垃圾沒兩樣，對我來說，卻十分有價值。

國中時期令我印象最深刻的是，當時十分暢銷的遊戲《薩爾達傳說穆修拉的假面（*The Legend of Zelda: Majora's Mask*）》。

《薩爾達傳說》系列是各個年齡層都十分喜愛的遊戲，在《Fami通》和《快樂快樂月刊》上總是引起熱烈討論，因此，上市發售之後總會馬上斷貨，不難想像遊戲的熱銷程度。

可是，那款遊戲在我居住的地區並沒有那麼暢銷，因此，鄰近的遊戲專賣店有大量的庫存。簡直有如入寶山一般。於是，我盡可能地買回遊戲軟體，然後在買到的當天就上網拍賣。那些沒辦法在發售日買到遊戲軟體的玩家們，最後紛紛用高於定價的價格向我下標購買。

從這個時候開始，我便在這些遊戲玩家的身上找到了「買賣生意的樂趣」。

不打工，月賺上萬日圓的高中時代

成了高中生的我，不光只轉賣遊戲，同時也開始使用網路賺錢。特別好賺的是拍賣網上的**「錯字商品的轉賣」**。

例如，搜尋名為「克里斯汀・迪奧（Christian Dior）」的品牌拼寫時，我會搜尋錯誤的拼寫「Diol」，而不是正確的拼寫「Dior」。這種商品沒辦法用原本的關鍵字「Dior」查找出，所以能夠用拍賣底價得標。靠這種手法，最多的時候甚至可以月賺二十萬日圓左右。

另一個方法就是RMT（Real Money Trade）現實金錢交易，就是用現金販售在線上遊戲獲得的道具或金幣。

我住的地方是個鄉下地方，當時的網路線路只有ISDN[4]。因此，我就選擇ISDN也能存取的2D線上遊戲《楓之谷（*MapleStory*）》，收集遊戲裡面的道具和金幣。

放學後，我會馬上回家，躲過父母的監視，埋首於遊戲之中，然後上網販售遊戲內賺到的金幣。這種方法遠比騎腳踏車來回奔波遊戲專賣店更有效率，就高中生的零用錢來說，可以賺到十分足夠的金額。

在不外出打工的情況下，**「該怎麼更有效率地賺錢呢？」**這個高中時期的經驗，便成了現今我思考副業的原點。

比同學「早兩年出社會」的戰略

沉迷於賺錢，埋首於線上遊戲的高中時期，當我回過神來，竟已經進入應考的階段。當然，不用說也知道，我的考試成績奇差無比，在學年當中是倒數第三名。

我心想「再這麼下去就完蛋了」，於是我就跟父母借了錢，聘請了家教老師。我把電腦賣了，也把線上遊戲的帳號刪除了。吃飯以外的時間全都獻給書本，就連元旦也在書桌前窩上十二個小時。

努力終於有了成果，到了應考的季節時，我的成績也進步了許多。

「應該有辦法考上都內前幾名的私立大學」我心中這麼想著。可是，重點依然是「錢的問題」。

4　ISDN：Integrated Services Digital Network，整合服務數位網路整合服務數位網路，又稱撥接型式連接網際網路。

雙親早就說了，大學的學費當然要由我自己負擔，就連房租和生活費他們也都不會給我任何援助，在這種狀況下，若要完成為期四年的大學學業，就必須仰賴助學貸款不可。可是，若是借了助學貸款，畢業後就必須背負著數百萬日圓的貸款，展開社會人士的生活……

最後，我找出的答案是——進入當地的短期大學就讀。如果是當地的公立短期大學，學費和生活費都會比較低廉。而且只需要兩年的時間就能畢業，**可以比其他同學早兩年出社會，感覺好處多多**。

只要利用那兩年認真工作，做出一番成績，或許可以在兩年之後得到比四年制大學畢業生更優渥的薪資。賺到的錢搞不好會比一邊償還貸款，一邊辛苦工作的四年制大學畢業生更多。短期大學畢業生和正規大學畢業生的起薪雖然有很大的落差，但我認為那個「落差」可以靠自己的努力加以補足。

我選擇的短期大學原本是所女子短期大學。因為學校改成男女同校制才第二年，所以當時的男女比例是一比九十九，完全是個「壓倒性的女人世界」。

回想起入學的時候，鄰座的女同學對我說：「聽說有男同學會來，虧我還那麼期待，沒想到居然只是個宅男」在別人面前被當成蠢蛋，加上第一次一個人住的不安，讓我一度認真地考慮是不是應該輟學。

在我琢磨於個人的穿著打扮和說話方式後，開始慢慢有人跟我說：「你變了喔！」就在這時，我首次開設了部落格。

我把自己經歷的特殊學生生活當成部落格的題材，沒想到大受歡迎，甚至一度在部落格排行榜上超越藝人，獲得第一名。這個經驗對我之後的職涯帶來了極大的影響。

入學後過了半年左右，我開始產生「希望能更加確立在校地位」的想法。正好學生會的選舉開始開放申請，於是我便做了決定，打算參加學生會會長的選舉。可是，在女性占九成比例的環境下，默默無名的男性若想獲勝，就必須有所對策。幾番思考之後，我認為「說服高層」或許是個好辦法，於是便決定與校長和縣教育委員會直接對談：

「我成為學生會長之後，就能成為招募男性新生的廣告指標。」

訴諸這種政見之後，我獲得了在教授們聚集的場合中演說的機會，並借助了最具影響力的教授們的力量。

結果，我獲得大量的選票，贏得漂亮的勝選。這種「接觸高層」的想法，也在我之後的社會人士生活中受用無窮。

在求職路上目睹的「學歷高牆」

短期大學在入學的那一年就會開始進行求職活動。通常，大部分的同學不是選擇到當地的銀行就業，就是成為公務員，而我的目標是「賺

■作者moto 描繪的職涯藍圖

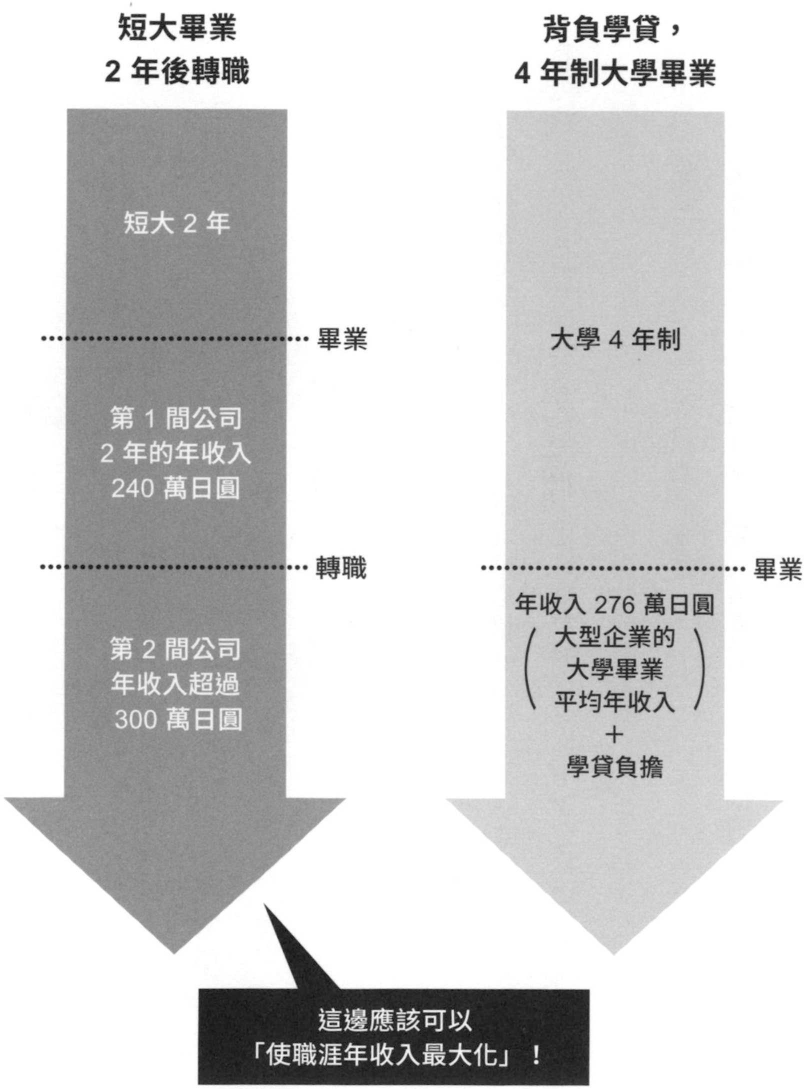

錢的上班族」，所以就把目標鎖定在東京的大型ＩＴ企業，開始了自己的求職活動。

高收入的代表性職業不外乎就是外商企業、不動產和金融業。

可是，我的學歷不符合外商企業的要求；不動產的激勵薪酬比例相對較多，所以有不安定的因素存在，不管怎麼說，這種體育會系[5]的文化就是不適合我。

金融業界的升遷受限於年功序列和公司的政治生態，所以加以篩選之後，就只剩下年收入較高的大型ＩＴ企業。

可是，事實上多數的大型企業都只願意錄用四年制大學或研究所畢業的畢業生，短期大學的畢業生甚至**連日系大型企業都不願意錄用**。

儘管如此，我還是把「豈能因學歷而遭分門別類」的怒氣轉變成能量，單方面地打電話給我想應徵的企業。

我這樣請求對方：「就算只有短期大學畢業，還是請貴公司看一下我的履歷和求職表吧！」

可是，就算我勤奮不懈地四處聯絡，還是遭到九成公司的拒絕，「請透過網路應徵」、「沒辦法幫您轉接人事部門」。簡直就像被學歷高牆阻隔在外一般。

然後，我開始照著自己的方式。不是在電話中表現出好像曾經見過面似的親密態度，就是打電話到公司總機，佯裝成大學職員，要求總機幫忙轉接人事部，又或者是**直接寫電子郵件給社長**……

我當然不知道社長的電子郵件信箱，更沒見過社長。可是，只要稍微觀察一下求職活動期間所收到的電子郵件，就會發現多數人的電子郵件都是用名和姓、網域名稱所構成，因此，我就自行編排了幾種形式，試著寄信給社長。

5 體育會系：體育會系可解釋為「精神論、根性論、重視上下關係、重視體力」的文化。簡單來說就是「拔群的精神力、耐操的耐力、絕對服從的學長學弟制、無限的加班」。反義詞就是文化系。

「請原諒我冒昧寫信給您。因為我真的很希望進貴公司工作，所以便擅自附上履歷。如果可能，是否能夠幫我聯繫人事部門？」

這個方法非常有效，我不僅收到大型ＩＴ企業的社長回信，甚至還收到人事部門的通知。

在持續這種行動的過程中，有時是直接由社長進行面試，有時則是人事部門覺得有趣地說：「直接上門求職的人還真是少見」而讓我參加應徵；甚至也有公司說：「如果被當成高中畢業看待也沒關係的話，那就來吧！」而給了我特別應徵的機會。

難得的機會，絕對不容錯過。為了不讓自己輸給四年制大學的畢業生，我不是**用自己的方式製作簡報，發送給面試官，就是自己製作網站介紹自己**，總之，就是用盡一切手段，無所不用其極地推銷自己。

可是，學歷的高牆依然堅不可摧。

短期大學的學歷不只遭到企業嫌棄，甚至也曾被其他一起面試的人調侃：「什麼？十九歲？短期大學？」、「有短大的職缺嗎？還是靠關係？」這樣的經驗不勝枚舉。

我就過著這種，靠轉賣商品所存下的錢前往東京，投宿在親戚家或獨自在飯店過夜，然後再去公司應徵的日子。

姑且不論企業是否願意錄用我，就連同樣身為求職者的競爭對手也都把我當成傻瓜看待，在這樣的狀況下，我甚至考慮進入四年制大學就讀，也曾想過「搞不好自己永遠都找不到工作……」也有過在深夜巴士上痛哭的記憶。

就算如此，我還是拚了命地到處投履歷，結果，終於被現今日本ＩＴ企業的龍頭電信公司，以及經營日本最大規模電子商務網站的企業錄取了。

聽到電話那頭說出「錄取」的瞬間，我開心到幾乎渾身發抖，那種感覺至今仍然清晰記得。

把自己當「商品」販賣的求職活動

現在仔細想想，當時我的求職活動根本就是場買賣。

在面試的時候，我以自己的實際體驗為基礎，針對應徵的企業今後應該採取的做法、自家公司網站應加以改善的項目進行列舉，並同時聲明「我可以做出這樣的改善」，以這樣的方式來推銷自己。

例如，面對經營大型電子商務網站的企業時，因為我住在鄉下，有很多使用電子商務網站的經驗，所以就會拋出這樣的「提案」。

「正因為是鄉下地方，所以更需要電子商務網站。可是，鄉下地方有很多地區的網路環境仍不夠完善。我的老家現在仍收不到行動電話的訊號，結果只好開車出去購物。今後除了電子商務之外，更應該推動電子商務專用的基礎建設事業。也應該推動行動電話事業等，不是嗎？」

儘管有點不懂人情世故，我還是憑藉著毫無根據的自信，慎重地提出建議。仔細想想，應該就是這樣的拚勁，讓我拿到錄取的資格吧！

拿到錄取的資格之後，我也不知道自己哪來的自信，**我再次大膽地挑戰那些曾經把我拒於門外的大型企業**。

「A公司已經錄取我了，但是我還是不想放棄貴公司，如果還有職缺，請務必讓我參加徵才活動。」我透過電話再次交涉，得到了再次面試的機會。

「我有錄取的實績！我可以辦到這樣的事情！」我製作簡單的資料，寄出電子郵件，在面試失敗後，毫不氣餒地持續更新資料。然後再進一步寄送給其他公司，持續挑戰。

這樣的行動本身是非常愉快的，或許從當時開始，我就已經有當業務的天賦了。把自己商品化，在面試的時候加以積極表明——「我過去的經驗可以為貴公司帶來這樣的貢獻。」這種推銷自己的方法，至今仍然受用無窮。

進入大企業是「職涯的標準答案」嗎？

儘管只有短期大學畢業，卻還是能得到大企業的錄取，這個結果讓我產生莫大的自信。當時，我很期待到東京工作，對即將到來的新生活感到興奮莫名。

可是，看到錄取通知書之後，我這才回過神來。

「進入大公司之後，我想做什麼呢？」

試著調查之後，我發現錄取我的企業平均年收入其實並沒有想像中高，而且大多數人的基本起薪大抵不相上下。進入公司之後的工作內容也是「綜合職」[6]，所以未來的方向也並不明確。另外，我還調查了最後幫我面試的幹部的履歷，結果，有一大半都是「轉職組」[7]。

求職往往都是這樣，總會在不知不覺間，**把「錄取大企業」當成目標**。原以為「大公司＝高年收入」的我開始重新思考著，就我原先的目標「賺錢的途徑」來說，這個職涯真的是正確的嗎？就像小學時期我所思考的，「遊戲軟體的價格今後會如何增值？」那時的我也會去想「就中長期的觀點來說，我在這間公司的年收入（價格）會上漲嗎？」

就算一畢業就進入公司，帶著短期大學畢業的不利條件就職，薪水還是很難隨著年齡大幅提升，不是嗎？

基本上，當初之所以選讀短期大學，就是為了提早兩年畢業，可以比同年齡的人更早提高市場價值，提高生涯年收入。

可是，實際投入求職活動才發現，規模較大的企業一律都是聘僱綜合職，被發派到希望部門的可能性很低，根本不知道進入公司之後，該做些什麼事。甚至，還可能因為公司狀況而被發派到鄉下地區。**總之**，

6　綜合職：到職後暫不指定部門和職位，鼓勵員工多方嘗試，然後再從中找出適合該名員工的職位。

7　轉職組：從其他公司轉職進入該公司上班的人。這裡指的是，幫作者面試的幹部，並不是一畢業就進入該公司的人，全都是從其他公司轉職（跳槽）至該公司的人。

就是看不到「兩年後」的狀況……

反覆思考各種情況後，我越想越是覺得，進入有品牌價值的大企業任職，並不是最正確的答案。

「高解析」描繪屬於自己的職涯地圖

察覺到這一點之後，我大幅改變了求職活動的重心。

那個時候，我正好在電視上看到這樣的話題——

「現在是就算年輕，有實績的人還是會被企業挖角，二十歲就能實現年收入千萬日圓的時代」

這時我才發現還有另一個選項，那就是提高實績後轉職，藉此豐富自己的職涯。

即便是短期大學畢業，仍然可以被大型企業錄取。既然如此，在自己比較容易高舉旗幟的環境創造實績，然後再進行轉職，豈不是更容易往上爬嗎？

就算起薪偏低也沒關係，還是可以把它當成未來的投資。相對之下，自己應該要選擇可以早日取得考核的公司，**做出一番實績，然後再靠轉職往上爬**。然後，十年後，也就是三十歲的時候，就能以上班族的身分賺到年收入千萬日圓。好，就這麼決定了。

那麼，可以早日取得考核的公司又是什麼樣的地方呢？我回想起求職活動時碰到的優秀員工說過的話：「在短期內做出成績」、「就算自己隨心所欲也不會挨罵」、「透過轉職做出一番實績」。

在考慮就職的企業的徵才活動都結束後，我接受了大賣場的面試。

那裡是我平時常去購物的大賣場，但每次去購物的時候，都覺得店內的陳設很雜亂，訂價也沒有比鄰近店鋪來得誘人，就外行人來看，還是可以列出許多需要改善的部分。沒有鮮明亮麗的氛圍，自然也沒有太高的薪資待遇。那裡是根植於當地生活的當地社區型大賣場。

可是，這間大賣場和之前應徵的大型企業不同，**我能更「高解析」地描繪出，自己進入公司後應該做的事情**。只要能夠改變店鋪的陳設、商品價格和廣告的編列，自己就能讓這間店變成更棒的大賣場。我非常有這種毫無根據的自信。

在面臨的徵才考試中，我得意洋洋地向社長自薦：「如果是我，我會這樣改造這間店。」儘管十分大言不慚，社長仍決定錄用我，當場就說：「好，那你就試試看吧！」

面試時，社長說：「請你先從現場人員開始做起。日後，我一定會提攜你」，這句話成了推我一把的定心丸，我便當場允諾了就職。可是，當我把這個決定告訴雙親和同學之後，卻得到猛烈的反對聲浪。

「還是去大企業上班比較好。」

「怎麼可能從大賣場轉職！」

「那倒不如回去讀大學還好一些。」

他們給的建議跟大家沒兩樣。可是，我卻抱持著和他們完全迥異的想法，我認為大賣場有絕佳的成長機會。只有我一個人認為「這個職涯」才是標準答案——於是，我毅然決然地決定進入大賣場任職。

結果，以年收入兩百四十萬日圓為職涯起點的大賣場，成了我十年後邁向年收入千萬日圓的業務經理的第一步。

第二章

在大賣場和徵才活動學到的「成果」所帶來的工作方法

把「自己」當成「公司」來經營，
隨時探尋、摸索「該如何提升『我』這間公司的營業額」，
打造出年收入最大化的「個人無限公司」！

第二章將跟大家聊聊，我在截至目前的職涯發展[8]過程中所學習到的「工作理念」。

再重新跟大家介紹一下我的職歷，簡單來說，就是剛畢業之後，進入大賣場任職，然後再轉職到大型人力資源公司。之後，再轉職到瑞可利[9]（RECRUIT）、ＩＴ類創投公司（之後被樂天收購）、廣告創投公司，前後共轉職了四次。

年收入的轉變則是兩百四十萬日圓（大賣場）→三百三十萬日圓（大型人力資源公司）→五百四十萬日圓（瑞可利）→七百萬日圓（樂天）→一千萬日圓（廣告創投）。

若要藉由轉職，持續提高年收入，就必須具備各種不同的技巧（這個部分將在第三章進行說明）。可是，藉由轉職提高年收入的一大前提是，**必須在「當前的公司」做出一番成績。特別在二十歲～三十歲期間，與其追求高額的薪資，不如蓄積「自己的技能」，就長遠來看，這**

樣的做法更具價值。

任職於前幾家公司時，為了做出一番成績，我一直竭盡全力地辛勤工作。在那樣的過程中所得到的經驗和知識，正是讓我靠轉職提高年收入的主要因素。

不論是轉職也好，副業也罷，唯有專注於本業，才能獲得成功。在從年收入兩百四十萬日圓的大賣場店員，一直到成為年收入千萬日圓的上班族的過程中，我真的學到了許多。接下來，我將透過實際的故事，跟大家分享我在日常工作中所學到的「工作理念」。

---

8 職涯發展：全書的「職涯發展」有 career up 的意思，意指培養更高的專業知識和能力，以提高經歷轉職到更高的地位或高薪職。

9 瑞可利：創立於一九六〇年的日本老牌人力資源公司，瑞可利集團主要經營求職廣告、人力派遣、銷售促進業務，包含日本規模最大的人力銀行瑞可那比（Rikunabi）也是瑞可利旗下的其中一個事業。

大賣場篇①
在「可贏得機會的環境」開創自己的機會

在畢業後就職的大賣場裡，我的第一項工作是，收銀結帳、把商品裝袋的收銀員兼裝袋工的工作，以及處理服務台的不合理客訴。工作內容和打工沒兩樣，但在這樣的環境下，我仍然沒有放棄積極態度。

「既然不管做什麼工作，都是領一樣的薪水，還是不要做太多比較好」許多跟我一起同期進入公司的同事都這麼認為，不過我則是以「累積自己的經驗值」為優先，持續地努力工作，**比任何人更積極爭取「讓自己成長的機會」**。

進入大賣場之後，我率先採取的做法是，**持續不斷地告訴身邊的人「自己的目標」和「想做的事情」**。

就如前面所說的，我進這間公司是以轉職作為前提。可是，基於我的心聲和主張，我從進入公司的第一天起，便在同期的同事和幹部面前清楚地表明——「我希望未來能成為店長」。

如果只做公司賦予我的工作，這份工作真的跟打工沒兩樣。所以我一直堅持溝通：「我想當店長，所以請讓我參加管理會議」或是「我想當店長，所以請讓我看看店裡的數據。」

當然，這樣的新進員工並不討舊員工的喜歡。有個狂妄自大且難搞的新進員工，這樣的謠言馬上傳遍整間公司，甚至還遭人挖苦：「搞清楚自己的地位吧！」、「新進員工居然這麼囂張」。

可是，當我一味地傳達「我想這麼做」、「我想那麼做」之類的具體訊息之後，無論是好或是壞，周遭的人都會因此而記住我。甚至，還有一些前輩認定我是一個「想成為店長的囂張傢伙」，為了戲弄我，而刻意派些難搞的工作給我。

「我要規劃新店面的陳設，想加入嗎？不過會需要熬夜喔！」

這很明顯是在刁難新人，但對我來說，卻是個大好機會。我當然接下了這份挑戰。變動店鋪陳設本該是我進公司第五年以後的工作，但現在能在進公司的第四個月即有所體驗，可說是十分幸運。

另外，我還利用新進員工的立場，做出無視公司政治生態的發言。在這家公司，就算部長做出明顯錯誤的發言，也沒有任何人會說半句話，但不論怎麼想，部長的發言確實是錯的。這時我就會打破沉默，積極地發表意見：「我認為那個數據的解讀方式是錯的」但當我說完後，會議每每瞬間陷入尷尬氣氛，這樣的經驗有過好幾次。

可是，我的想法的確幫公司帶來了收益，周遭的人也因此慢慢認同我，大約進入公司半年後，我便得到了列席店長會議的機會。

但當我真的列席後才發現，九成以上的會議內容，我都是有聽沒有懂。儘管想著：「哎呀，被打敗了……」卻仍硬著頭皮，假裝自己什麼都理解，以「的確是如此」或是「這真是個難題」的方式勉強應付。

會議之後，我問店長：「不好意思。剛才的內容可以重頭再跟我說明一次嗎？」我記得當時還被取笑了一番。儘管如此，在我心中卻早就已經做好死纏爛打的準備了。

當然，正因為我在工作上一直十分逞強，所以相對之下，也比別人更加辛苦。與其說聽不懂別人交代的事，更多的問題是「不懂的事太多」，總之老是失敗。每天過著虛張聲勢地舉手說：「我可以！我能做！」之後卻又煩惱著「該怎麼做才好」的日子，有時連假日也去上班，有時則是找其他分店的前輩商量，用自己的方式思考解決對策，採取行動。

可是，努力還是有價值的，在進公司一年之後，我比同期進公司的同事獲得了更多的知識和經驗。即便是同樣的工作話題，看待事物的角度或看法，也有了極大的轉變。就算在相同環境下做相同的工作，透過機會所得到的經驗值仍會有極大變化。這樣的感受十分強烈。

再次回顧就會發現，**我不是在等待機會，而是爭取機會，只要盡全力抓住那個機會，就能夠成為自己的經驗值和成果。**

之後任職的瑞可利有個社訓——**「自己創造機會，機會改變自己」**。我深切意識到，這句話正是提高自我市場價值的重要訊息。

大賣場篇②
就算沒經驗，仍要採取「備戰狀態」

即便是服務業，只要自己主動爭取機會，還是能夠獲得店鋪的陳設規劃、負責招聘新進員工等，更加多元的機會。

尤其是負責招聘新進員工的機會，更對我的職涯帶來莫大的影響。

當時的我完全沒有半點徵才招聘的相關知識。完全就是「無經驗」。因此，我先找大型徵才媒體的業務員諮商。在什麼都不懂的情況下，看到大型人力資源公司所提出的價格後，我才深刻感受到「沒想到徵才需要花費這麼多錢……」。

順道一提，當時社長的要求是「希望聘僱十名東京大學的畢業生」，這根本就是項不可能的任務。因為預算並不多，所以只能放棄運用徵才媒體。就算如此，我還是不想白白浪費掉這個機會，於是我便開始動起腦筋：「雖然不大可能，但應該還是有什麼辦法吧？」

「學生時期，我有過靠部落格賺取流量的經驗，同時也有被大企業錄取的經驗，不如運用那些經驗，利用求職部落格徵才吧？」

我打算透過求職部落格分享徵才者的觀點，以及我自己過去的親身求職經驗。當時的我，如果希望做出一番成績，就只能選擇**善用過去所累積下來的經驗**。

原本我打算開發一個公司的部落格，但是，許多主管都不贊同這種全新的做法，恐怕需要一段時間才能說服他們，所以我就先暫時成立個人部落格，稍微觀察一下。我以「捨棄大企業，到大賣場就職的故事」作為開頭，並且在每次下班時更新部落格，結果，讀者開始慢慢增加。

某一天，公司通知我「公司的徵才信箱收到應聘的信件！」。沒想到，原來是因為我刊載在部落格上的求職文章，被刊載在「Yahoo!新聞」的首頁。這個契機，瞬間提高了求職畢業生的認同度。甚至還有當地的企業主動委託「希望能來我們公司採訪，幫忙寫篇文章」。完全是超乎預料的情況。

我的求職部落格在那之後仍有人持續閱讀，對大賣場的徵才活動也貢獻了許多。隔年，公司便決定開發公司用的部落格，同時請我繼續負責徵才招聘的工作。

可是，打從進大賣場的那一刻開始，我的目標就是邁向「下一個舞台」——也就是轉職。

其實那個時候，某間風評不錯的人力資源公司曾主動向我表示，希望收購我的部落格，同時，也向我個人提出轉職的建議。以徵才負責人的身分獲取工作現場的真實資訊，再透過更有效率的形式，把那些資訊傳遞給網友，就是這樣的行為模式，開啟了我通往首次轉職的道路。

正是因為我運用了部落格這個過去我所擅長的方式，**在獲取的機會中，發揮出最大的成果**，才能為我帶來第一次的職涯發展。

一旦習慣於工作之後，往往會使自己深陷於「自己早已經辦得到的工作」之中。這樣是不行的，應該要爭取機會，挑戰過去未曾做過的工作，然後做出成績。我認為這是通往下個職涯的重要態度。

人力資源公司篇

徹底「模仿」能幹的人

在部落格成為轉職契機後，我開啟了第二間人力資源公司的職涯，我頂著業務員的職銜，被賦予了招募應屆畢業生[10]的任務。儘管如此，我尚無經驗，而且知識也不夠充足。不足的部分只能一邊仰賴公司內的同事，一邊加強、補足。

希望能盡早擁有速戰力的我，決定學習大賣場時代未曾學到的「業務技能」，**徹底模仿工作效率絕佳的主管**。

觀察後我發現，工作效率絕佳的主管，寫電子郵件的時候，會運用一旦打出「您」，螢幕上便會自動轉換出「您辛苦了」的快捷鍵功能；會在沒有人的早晨上班，在中午之前完成重要的工作；聚餐不續攤，以盡可能保持充足的睡眠為優先考量。

這些事任何人都辦得到。可是，這些瑣碎小事都會影響工作，所以我決定在徹底模仿後，把它轉變成「自己的東西」。

這個「徹底模仿」的行動，帶來了超乎想像的結果，我在進入公司的第三個月，就被選為應屆畢業生的地區經理。

應屆畢業生是人力資源業界中占比最高的徵才領域。其中，我被派任的是，就連徵才活動都會陷入苦戰的地區。儘管沒有業務經驗，我還是一邊思考著「我能為顧客做些什麼？」但是，儘管我已經拚了命地積極採取行動，卻仍無法如願達到成果。當時，我每天都過著被主管窮追猛打的日子。

於是，我拜託在其他地區擁有優異成績的人：「可以讓我同行一整

10 日本的求職市場主要分成「新卒採用」和「中途採用」二種。「新卒採用」是以毫無工作經驗的應屆畢業生為招募對象，日本企業會在每年的固定期間，透過「新卒採用」的方式進行人才的大量招募。若求職者不是應屆畢業生，就無法透過此管道求職。「中途採用」則為轉職，已具備工作經驗的求職者可透過這個管道進行求職。

天嗎？」藉此機會仔細觀察，他和自己的差別在哪裡？運用什麼樣的業務話術？平常都是採用什麼樣的優先順序工作？我想模仿他的一切，把那一切全部套用在自己身上。

隔天開始，我徹底複製了首席業務員的工作內容。結果，我才開始慢慢察覺到「他和自己的實力差距」、「搞不好這樣可以更有績效」。

在這之前的我，都把重點放在被動式的業務推廣。可是，這種被動式的業務推廣根本無法達到績效，真正有效的做法應該是「用腳跑業務」的踏實做法。

另外，除了模仿行動之外，了解這些工作效率卓越的前輩們的觀念也非常重要。首席業務員會**「站在對方的立場，徹底地思考事物」**。採取隨時為顧客服務的動作。

透過這些觀念，我慢慢掌握到訣竅，因此我所負責的地區佔有率也逐漸有了成長。

在那樣的某一天，同為競爭關係的瑞可利的員工主動跟我攀談：「有機會的話，歡迎來我們公司坐坐聊聊。」

身為競爭對手，卻能有這樣的機會，感覺還挺有趣的，於是我就抱著好奇心去了瑞可利，他們帶我到一間小房間，裡面坐著兩個人，分別是董事和總經理。

進入房間的瞬間，我所面臨到的情境是，不知道是抱持真心，還是開玩笑的挖角議題：「你的績效真的挺不錯的。聽說你願意到我們公司任職，是真的嗎？」之後，我們針對我成年後到截至目前的職涯發展談論了許多。

就這樣，對瑞可利的公司文化和觀念頗有同感的我，做出了第二次轉職的決定。

對方開出的價碼是年收入五百四十萬日圓。也就是說，我的年收入在我出社會的第四年，增加了三百萬日圓。

徹底模仿有才能的人，讓他們的優點成為自己的技能。把他人的智慧和經驗，吸收成自己的一部分，就能帶來成果。

穩固根基的重重堆疊，正是實現成果的捷徑。至今我仍十分重視這個觀念。

瑞可利篇
擁有「讓企業成長的觀點」

在瑞可利，我負責以應屆畢業生為主的業務，以及學生招募。每天過著戰戰兢兢的日子，因為主管總說：

「你的職務級別一個月要價十一萬日圓，請你發揮出比這薪資更高的價值」。

轉職不久後，在負責招募學生的期間，我為了製作企業用的資料，而有了在徵才活動上進行問卷調查的機會。

「挑選就職企業的標準是什麼？」

對於這個問題，當時得到的最多回答是：

「希望就職的企業，可以讓自己獲得不論未來去到哪家公司，都能夠充分運用的能力。」

若進一步詢問具體的公司名稱，多數的答案是瑞可利、CyberAgent、DeNA 等企業。

全都是些每年在徵才活動中，十分受到新鮮人青睞的企業。

其實我進入瑞可利的時候，也曾抱持著與他們同樣的想法：

「希望得到可以活用的技能」。

可是，對於想法如此天真的我，當時的主管是這麼跟我說的——

「發生瑞可利事件[11]的當時，在公司可能會在明天就倒閉的狀況下，我們想錄用的，並不是『能夠一展長才的菁英學生』，或是『在前一份職業中表現優秀的傢伙』；而是能夠在搞不好明天就會倒閉的瑞可利……為了不讓公司倒閉而拚命努力的人。秉持那種態度的人，不論在什麼樣的公司，都能夠大放異彩。我們在意的不是他曾經在哪裡工作，而是個人的態度問題。」

我記得當我在酒吧聽到這番話的時候，頓時感到十分地慚愧。**最重要的不是技能。而是為眼前的事物全力以赴、竭盡全力的「想法」、「態度」和「觀點」**。

這正是「不論在哪家企業都能一展長才的人」共同具備的條件。

所謂「希望能夠在就業的公司，培養出未來不論在哪間公司都能充分發揮的能力」就是外表看似野心勃勃，內心卻十分謙虛的態度。

公司不是為了讓自己學習到什麼的場所，而是創造出財富，讓社會更美好的組織。**所謂不論走到哪裡都能充分發揮能力的人，就是能夠讓組織有所成長的人**。

另外，在工作上，除了「讓自己成長的企業在哪裡？」這樣的個人觀點之外，如果缺少「我能幫助其成長的企業在哪裡？」這樣的觀點，就無法隨時維持謙虛態度。**最重要的是擁有「讓公司成長的能力」，而不是只想著依賴著公司**。

利用公司的所有機會，讓自己逐漸成長，成為能夠推動任何公司成長的人才。這正是「高市場價值的人才」。在瑞可利任職時，主管的這一番話，成了讓我重新檢視個人態度的重要機會。

---

11 瑞可利事件：瑞可利在一九八八年發生的政治獻金醜聞事件。公司的創辦人江副浩正把一間旗下未上市公司的股票贈送給超過七十名的政商名流，令許多人獲利。此事在日本被稱為「瑞可利事件」，不僅是日本二戰後最大企業犯罪事件，更使當時的首相辭職下台。

創投（樂天）篇

想想「沒有招牌的自己」能做的事情

一心「想靠個人力量決一勝負」的我，運用在瑞可利累積的業務經驗，進行了第三次的轉職。

轉職的公司是專門提供顧客解決方案給零售業的ＩＴ創投企業。這是一份在報紙購讀率下降、傳單廣告效果逐漸薄弱的時代裡，開拓出全新營銷手段的工作。

不過，這是間默默無名的企業。而且，因為公司的服務才剛剛開始，所以導入ＩＴ系統的企業並沒有很多。

業務活動以少數精銳的團隊形式開始推廣，若想使用傳統的電話行銷可說是完全行不通，也讓我重新體認到自己的力量有多薄弱。

在資金不多、人力短少的情況下，以業務身分進公司的我，就只能成天焦慮地思考如何幫助公司進步。

「如果再不想辦法爭取面談機會，就沒辦法幫助公司成長。」——這時候我想到了一個點子，那就是求職期間曾做過的——「鎖定社長電子郵件的方法」。

打從瑞可利時代開始，爭取面談機會的時候，我便一直**拘泥於直接找「社長」或是「董事」的「高層接觸法」**。與其花時間找現場負責人商談，不如直接找經營管理高層，更能夠快速得到決策，導入後的進程也會因為由上至下而進展得更加順利。就不需要為了多餘的交涉，花費太多時間。

另外，送交給社長或董事的提案，並不是隨便敷衍了事就能行得通的，所以在準備過程中，不僅能夠提升自己的提案能力，也能獲得擴大視野並提高觀點的機會。直接和社長面對面進行提案，對自己來說，也能成為很棒的經驗，就業務員的經驗累積來說，並沒有半點虧損。

可是，高層接觸法也是雙面刃。如果送交給社長的提案太差，就可能再也不會有第二次交易的機會了。因此，送交給社長或董事的「提案內容」，必須謹慎再三，並依據當日拜訪成員做好調整以及商談過程演練等事前準備。

我的方法是活用「電子郵件」、「書信」、「電話」三種工具。只要是任何有業務經驗的人，都懂得運用電話和書信的方法，但是，利用「電子郵件」爭取面談機會的人似乎並不多。我運用求職時期過用的**「鎖定對方電子郵件」的方法**，大膽地直接爭取面談的機會。

公司的電子郵件通常都是採用下列四種既定格式：

「名.姓@公司網域」

「姓.名@公司網域」

「姓@公司網域」

「名字的開頭字母.姓@公司網域」

網域通常都是記載於公司網站的徵才頁面，或是聯絡表單的電子郵件信箱的「@之後」的部分。例如，以「山田股份公司」的「山田花子」來說，便可推測出如下列般的電子郵件信箱：

「hanako.yamada@yamada.co.jp」

「yamada.hanako@yamada.co.jp」

「yamada@yamada.co.jp」

「h.yamada@yamada.co.jp」

只要按照這幾種格式，寄出電子郵件，就會有較高的命中機率。

可是，如果不知道「對方的姓名」，就沒辦法採用這種方法。

因此，我會上網搜尋對方的負責人姓名。最容易找到姓名的是大企業。只要搜尋集團內的「企業名稱　組織圖」或「企業名稱　人事異動」等資料，就可以找出「人事異動」或「人事異動通知」的ＰＤＦ。只要善用這份文件，就能鎖定部門名稱和姓名。

如果能接觸到決策者，成功的機率就會越高。所以，我會以組織圖最上層的主管或經理等為目標。當然，我也會順便寄一封給社長。

「那種電子郵件肯定會被當成垃圾郵件」應該很多人都會這麼認為，但其實從來沒有人問過我：「你是從哪裡知道我的電子郵件信箱的？」相反的，如果在面談時談論這個話題，應該幾乎百分之百的人都會大笑吧！所以也可以把它拿來當成話題。

其實，我曾經因為這種方法，而收到大型藥妝店的社長，以及東京都內最大規模超級市場的社長的回信。

和過去把瑞可利這個招牌當成武器，每天辛勤作業的自己相比，這種一步一腳印的踏實經驗，反而更讓我有進步、成長的實際感受。

公司的名稱只是一種錯覺資產，相形之下，先思考「自己能夠做些什麼」、「沒有招牌的自己能夠做些什麼」，然後再採取行動，反而更能提高自己的市場價值。

現職篇
把經營者觀點套用在「自己」身上

在任職的創投企業被樂天收購的契機下，我有了第四次的轉職。當初進公司的目的是「希望在沒有招牌的企業裡測試自己的能力」，但因為公司投入大企業的旗下，所以我便決定轉職。

在過去歷經大賣場、大型企業、無名創投公司等四家公司的經驗中，我認為正因為自己一直處於「不論在哪種公司都能發揮才能，同時也能靠個人賺錢的狀態」，所以才能夠這麼穩定。

這個想法之所以會深植內心，最大的因素就源自於我目前所任職公司的社長跟我說的一番話，他曾慎重地告訴我說：**「要具有把自己當成公司經營的觀點。」**

過去，「經營者觀點」這個名詞令我感到十分地不自在。在身為一個上班族的同時，還要用經營者的觀點去看待自己任職的企業，實在是有點困難。

首先，自己所看到的情景、得到的資訊，和社長完全不同，而且，如果用一個經營者的態度，在工作現場做出氣勢高昂的言論，更可能被視為一個麻煩人物。

我原先的想法是，經營者觀點恐怕不光只限於做好眼前的工作而已，而是指秉持「提升公司營業額的觀點」，同時「著重於眼前的工作成果」；可是，社長口中的經營者觀點卻似乎略有不同——

「把自己當成公司經營的觀點。」

我把這種想法稱為**「個人股份公司」**。

所謂的個人股份公司，就是把自己本身當成一家公司看待。

我正在經營名為「moto股份公司」的公司，營業額是任職公司給的薪資和副業收入，一共五千萬日圓。扣除掉房租、伙食費、電話費之類的費用之後，手邊剩下的金額就是我的淨利，就是這樣的觀點。

然而，以這個觀點來看，多數人的營業額應該就只有任職企業提供給自己的薪資而已。

可是，現在是個不知道何時會被主要客戶（任職公司）取消訂單（開除、解僱）的時代。一旦被主要客戶取消訂單，公司就會面臨破產，這樣的經營狀態並不健全。就一個經營者來說，除了薪水之外，還必須確保其他的收入來源，因此，經營者就必須從事副業。

「該如何提升ｍｏｔｏ股份公司的營業額？」我現在仍然秉持著這樣的觀點。不論是什麼樣的工作都一樣，若要提升自家公司的營業額，就必須「提供符合相對價值的勞動價值」。同時，也必須了解「什麼樣的勞動，才能獲得好評？」

自己必須掌握個人無限公司的「年收入表」和「各年收入表所要求的能力」，同時思考提供什麼樣的價值，才能夠提高「營業額」，也就是年收入。而且，不光僅限於本業，副業方面也要努力提高營業額。

只要工作的內容相同，當然是跟願意支付較多錢給自己的公司交易，才是明智之舉。這一點不論對上班族或是副業來說，都是一樣的。

「有沒有其他公司願意提供更好的契約？」隨時探尋、摸索的觀點是非常重要的。

■「個人股份公司」的觀念很重要

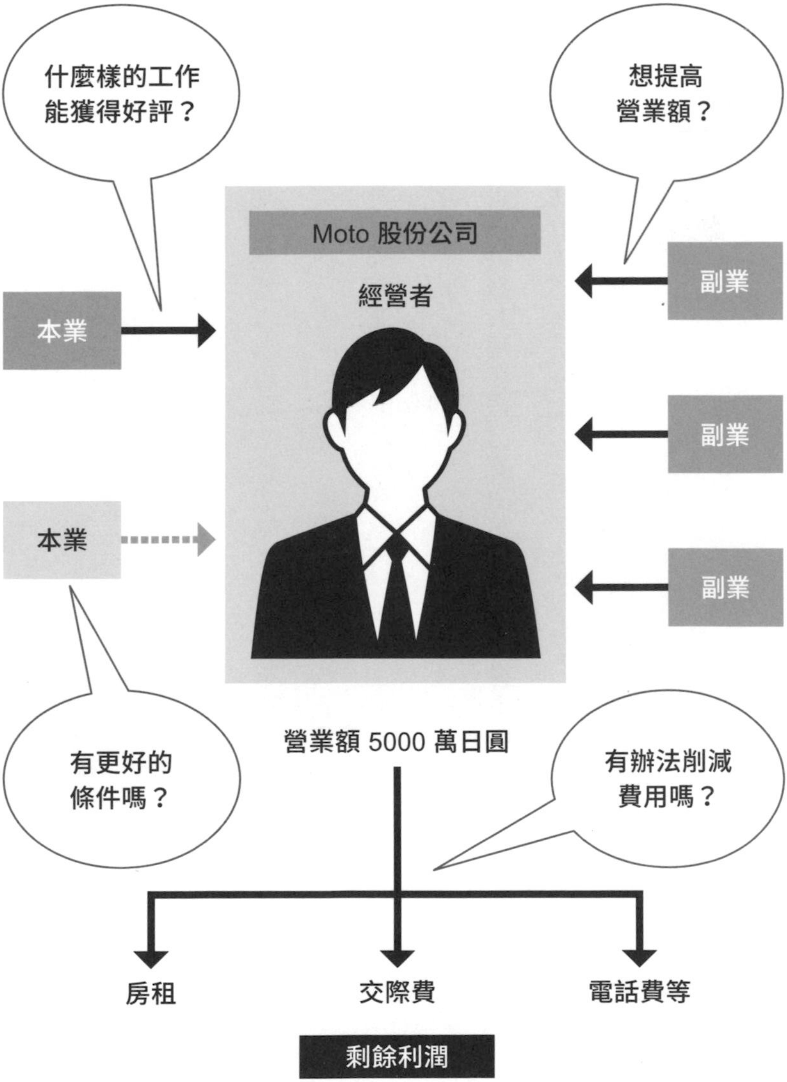

另外，有了「個人股份公司」的觀點之後，也能夠清楚看到支出項目是否過度浪費。例如，「咦？為什麼手機通話費這麼貴？」或是「這筆聚餐費對自己有什麼益處？」

做了這樣的檢視後，我將行動電話調整為低月租通話費，也盡可能避免參加毫無意義的聚會，藉由這樣的方式來削減開銷，然後把多餘的利益投資在自己身上。甚至，因為我具備損益表和資產負債表的觀念，所以也能讓我產生增加個人淨資產的想法。

「該怎麼提高營業額？」、「該怎麼做才能增加利潤？」**只要把這樣的經營者觀點套用在自己身上，就能了解從事副業的意義，擺脫依賴企業的工作方式。**

我現在也正在這家公司，盡全力使自己的生涯年收入達到最大化。

第三章

靠四次轉職
持續提高年收入的
「轉職術」

描繪專屬「職涯地圖」，
打造大幅提升錄取率的「戰略性履歷」，
傳遞聘僱好處與實現預期年收入的「moto交涉術」，
走出自我生存戰略！

前面介紹了我在工作上的想法和所學到的事情。第三章將跟大家分享，可應用於轉職的具體手法。

實際用來提高年收入的轉職目標選擇法、獲得企業青睞的履歷寫法、轉職仲介的使用方法，以及如何掌握轉職時機等，全都是截至目前，我在四次轉職經驗中所累積下來的專業知識。

聽到靠轉職提高年收入，大家往往都會聯想到，靠大型企業累積職涯經歷，讓自己能夠被外商企業挖角的高峰職涯轉職。

可是，像我這種**曾經在大賣場工作過的上班族，仍然也有轉職到其他業界，以提高年收入的方法**。

不過，單憑耍小聰明的技巧，是沒辦法提高年收入的。就大前提來說，就是堅持當前職務級別上的績效，然後加以運用那些專業知識。

職業生涯的基本觀念

比起主管評價，「市場評價」才是關鍵

我會時時刻刻把「市場價值」放在心上。

可是，世上有很多上班族都很重視公司和上司的評價。因為從一般員工到課長、從課長到代理經理、從代理經理到經理，這樣的「晉升」是大家最熟悉的職涯發展模式。

升遷的手段確實是提高年收入的正確路徑。可是，**自己的「價值」絕對不僅僅取決於頭銜。頭銜終究只是「公司內部的職務級別」，一旦走出公司，大家所看的是頭銜以外的「個人實力」**。

日本大約有四百二十萬間公司，以勞工身分工作的上班族大約有六

千五百三十萬人。說得誇張一點，如果日本全國的上班族都遭到解聘，就會有六千五百三十萬人一起展開求職活動，這個時候會是什麼情況？

許多人往往認為：「自己在公司內的評價也不錯，就算情況再糟，頂多也是做和過去相同的工作吧！」但是，全國上下，績效優於自己的上班族還有很多。

也就是說，**在求職過程中，被拿出來評比的不是「上司的評價」或是「公司的評價」，而是必須同時和績效優於自己十倍、百倍的人，比較「在轉職市場上的市場價值」**。

當然，公司內部的評價確實有其參考意義，但是，如果只把那些評價視為標準，就會變成「井底之蛙」。相較於上司的評價和公司組織的評價，把重點放在「市場對自己的評價」，才是最重要的。

公司的評價，只要對上司阿諛諂媚一番，或許就能有所提升，但市場的評價卻無法靠拍馬屁來獲得。當然，為了抓住機會，有時候仍需要逢迎奉承，但實質來說，「靠自己獲得市場評價」是非常重要的事情。

然後，我認為「市場評價」會隨著「個人生產性的提高」而增加。

所謂的生產性是指——探究提高公司業績的本質，採取有效行動的能力，這種能力可分解成五種要素。

【提高市場價值（＝生產性）的五種能力】

①理性思考的能力。

②結構性掌握事物的能力。

③全面了解事物，鎖定問題的能力。

④針對問題進行假設，使任何人都能輕鬆理解的闡述能力。

⑤運用①～④，管理組織的能力。

單從字面來看，似乎有點自我感覺過於良好，但是，年收入超過千萬日圓的職缺，大多都會要求這五種條件。

其實，這些條件絕對不是什麼特殊能力，任何人都能夠在一般的工作中學到。至少我在大賣場當收銀員的時期，就是在跌跌撞撞的過程中，磨練出提高生產性——也就是市場價值的五種能力。

了解自己的「工作意義」

這五種能力概括來說，就是指「在確實理解自己的工作之後，能夠淺顯地向任何人說明並使其了解，同時伴隨著行動的人」。

稍微換個說法吧！社會上有各式各樣的人。有人和自己從事相同行業，自然也有人從事和自己完全不同的工作，當然也有人根本沒工作。

其中，甚至還有人會問：「什麼是網路？」

今後，你所需要的是，無論對方是「相同行業的人」也好，或是詢問「什麼是網路？」的人也罷，都能夠**把自己的工作價值「淺顯」傳達給對方的能力**。換句話說，就是使自己具備無論對方是什麼樣的人，你都能夠站在相同的角度讓對方理解的能力。

乍聽之下，似乎相當簡單，但實際執行後，才發現真的很難。「必須做出就連小學六年級生都能理解的說明」儘管這一點我早就注意到了，然而業界或職種越是複雜，就越是需要這種傳達能力。

那麼，該怎麼做才能更淺顯易懂地傳達自己的價值呢？首先，就是掌握「全貌」。

在試著說明「公司有什麼問題？」時，如果沒辦法讓對方了解「為什麼這會是個『問題』？」那麼你原先想闡述的癥結點，恐怕連二〇%都無法順利傳達出去，更別說讓對方理解了。若要連同問題背後的淵源一併確實傳達，就必須「從上到下」，預先了解自己面臨的狀態。

【業界的狀況↓公司的問題↓部門的職務級別↓自己的任務】

從更寬廣的角度去檢視。然後，掌握問題，思考解決對策，最後再付諸實行。這種能力的需求性恰好和年收入呈正比。

那麼，該如何透過日常的工作獲得這些能力呢？

首先，請收集「必要的資訊」，讓自己能夠從業界角度、公司角度、自己的工作角度，與他人談論自己的工作。

「相同的業界在國外又是怎麼樣呢？」

「在自己的國家中，這個業界在數年後會怎麼樣呢？」

「現在的公司在業界中處於什麼樣的位置？打算做些什麼？」

「那個任務和自己有什麼樣的關係？」

■你能夠說明自己當前的狀況嗎？

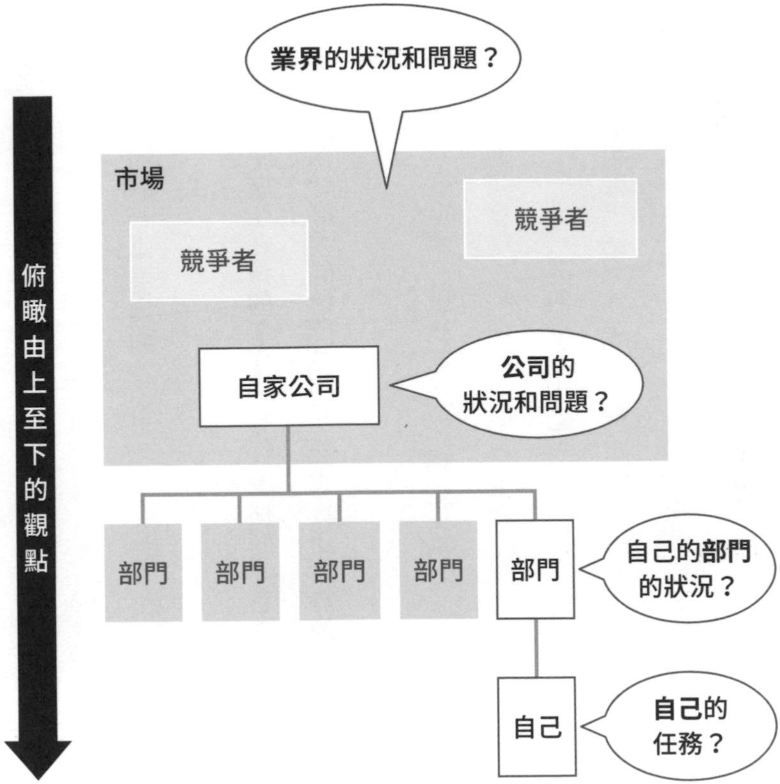

能夠全盤掌握自己的工作並「淺顯傳達的人」，
就能提高市場價值。

在收集這類資訊的過程中，應該就會發現自己所不知道的事情。反覆執行這種作業，就能從「更高的位置」檢視自己的工作，就能掌握到位在工作終點的「原始目的」——

「目前手邊正在做的工作，有什麼樣的效果？」

「客戶為什麼委託這間公司？他們真正期待的是什麼？」

必須隨時把這種「思維習慣」放在心上！

在日常的業務中，大家往往會為了自己眼前的工作全力以赴，但我們應該看的，不光只是眼前的那顆樹，而是那棵樹背後的整片森林，下次就能從遠處觀察到森林所在的那座山；最後，當你的目標是「客觀看待正在看著山的自己」時，你對工作的看法也會大幅改變。

然後，不要只是想，請付諸行動。

在轉職上，最能獲得好評的是「思考之後的行動經驗值」。只要能夠理解命令背後的緣由，然後進一步採取行動，就能獲得良好評價。

相反的，無法獲得好評的是「只針對命令採取動作的行動」。如果自己不去思考「為什麼要這麼做？」自己尋求進步的動力就會停止，市場上的評價就不會提升。

即便是上司的命令，仍要反覆地思考：「為什麼會做出這樣的指示？」、「真的應該執行這個指示嗎？」這是非常重要的事情。

提高能力的訓練場，就潛藏在「自己未曾經歷過的工作」裡面。對我來說，那就是大賣場時代的招聘業務。

你一定也有機會獲得社會所需要的「高價值能力」。

「反正薪水都一樣，還是不要多做比較好。」

「不會被上司讚賞，就不做。」

如果你仍然抱持著這種想法，儘管有各種大好的機會就在眼前，你還是會任憑它們從眼前溜走。

在公司裡獲得提高生產性的機會，在提高生產性之後轉職，增加年收入，我的職涯便是藉由這樣的循環所建構出的。所以，即便是現在，只要有能夠提升自己的機會，不論時薪多少，我都會飛撲而去。

掌握自己的「價值」

轉職的時候，我會把自己當成「商品」看待。

商品的新鮮度是最重要的，所以即便是沒有考慮轉職，我還是會每個月更新一次自己的履歷。**定期更新履歷的好處，就是當日後有機會面談時，能快速掌握到「自己的價格」，知道自己在職場中的定位。**

在廣大的就業市場中，你知道自己究竟值多少價碼嗎？

自己的價格並非取決於公司內部的評價，而是日常工作中的努力程度，擁有這個認知是非常重要的事情。因為就算一味埋首於當前的工作，年收入還是不會增加，所以必須掌握「增加年收入的相關經驗」才是最重要的。

如果想快速確認自己的市場價值，只要觀察招聘者的態度和之後的對應就行了。

假設你是個「搶手的人才」，自然就會有人上門挖角或熱情接待，但如果你本身完全沒有那個價值，不僅會被「冷淡對待」，之後也不會有半點音訊。透過面試方的態度，自然而然可以對自己在職場上的價值了解一二。

我曾和許多轉職者聊過，**市場價值較低的人，普遍都有著相同的想法——「既然都是領一樣的薪水，還是不要做太多比較好」**。

這種想法就短期來說，也許時薪相對較高，但以長期性的觀點來看，工作態度自然會顯得消極，「得到的經驗值」也會減少。

例如，即便眼前的工作不會受到公司或上司的讚揚，但是，就長遠來看，只要是「受市場讚賞的經驗」，仍然應該積極爭取，如此就能提高自己的市場價值。

不論是什麼樣的工作都一樣，沒有可以輕輕鬆鬆、不費吹灰之力就能賺到錢的工作。**有些人看似賺錢賺得很輕鬆，但其實那些人在背後勢必付出了相當大的努力，我們不過是看到對方成功的結果罷了。**

請記得，雇主與人資終究也是人，難免會有低估、看錯的時候，倘若覺得自己的價值被貶低，也不要灰心，請務必定期重新檢視自己的價值，拿出實力進行爭取，這是提高年收入的首要法則。

就算是目前沒有想轉職的念頭，也請大家記得定期調整自己的工作方式，隨時注意正確資訊的更新吧！

提高市場價值的三大職涯藍圖

應屆畢業時，我放棄了大型企業的錄取資格，選擇了當地的大賣場，這是基於之後的職涯考量。儘管這或許是結果論，但我認為事先想好「提高個人市場價值的路徑」，還是非常重要的事情。

如果希望能不受限於年齡或必須來自某大企業的光環，成為真正擁有實質實力的「市場所需人才」，就必須擁有自己的職涯範本或藍圖。提高市場價值的職涯路徑大約有三種，以下就分別進行說明：

路徑①「拔擢高升的職涯」

首先，第一種職涯路徑是，「在當前的公司晉升，以領導階層為目標」。這是亙古不變的標準職涯發展路徑。

應屆畢業後就進入公司，之後一路晉升，直到擔任社長的瑞可利控股（Recruit Holdings）社長峰岸真澄，以及ＳＯＮＹ前董事平井一夫，都可說是這種職涯的典範！

把拔擢高升當成職涯發展的目標時，需要具備的能力是在公司內部周旋的政治力，以及在漫長的時間軸當中，在同事競爭之間堅忍不拔的耐力與毅力。因此若想在公司一路晉升，在公司內部就必須擁有更強大的實力和實績。

我原本就沒有那種在公司內拔擢高升的慾望，同時也希望趁年輕的時候多賺一點錢，因此，這個選項並不在我的考慮範圍內。不過，這的確是許多人最熟悉的職涯發展路徑。

路徑②「成為職種專家的職涯」

第二種是以職種[12]專家為目標的職涯。就是不侷限於業界，把重心放在自己的職種，提高在任何公司都能活躍的「跨領域技能」。

我選擇的正是這種職涯路徑。就是提高業務技能，在年收入較高的業界升遷，然後再利用轉職，提高年收入。因為這是我自己實踐過的路徑，所以對我個人而言，我認為這是最容易發展職涯的路徑。

對推動公司股票上市和營收成長有顯著貢獻的業務管理專家，可說是職種專家的具體範例之一。也有會計師以ＣＦＯ（財務長）的身分，經歷多次的上市經驗。即便那個人不是ＣＦＯ等主管，對證券公司或監察法人有過「實務」經驗的人，對今後打算上市的企業來說，就是不可或缺的珍貴人才。簡直就是職種上的通用技能。

提高當前職種所要求的「核心技能」，就能跨領域地活躍於各種業界，自然就能提高職務級別和年收入。這便是這種職涯路徑的計畫。

12　職種：指律師、會計師、建築師等專業類職務類別。

路徑③「成為業種專家的職涯」

第三種是以業界的專家為目標，藉此發展職涯的模式。也就是一直在相同業界內工作，比任何人都了解該業界的知識或常識，力求達到宛如「職人」地位般的資歷。

「如果是○○業界的○○領域，最好找某某人諮詢一下」，爭取這樣的權威地位，受邀舉辦該業界的演講，或是接受雜誌的專訪，藉此鞏固自己在該業界的權威地位。

透過媒體上的露出，就能從其他公司中脫穎而出，或是被同業的其他公司挖角，以「業界的專家」聲名遠播，自然就能帶動職涯發展。

這種「業界的知識」不光僅限於同業，在其他業界也能有效運用。

舉例來說，我的一位好友既是顧問公司的負責人，同時也是電力業界的專家，因此他總是能爭取到與電力公司的高階主管面談的機會，也曾被選為國家委員會的成員之一。他運用專精電力業界的強勁優勢，游刃有餘於電力相關的顧問公司間，使自己的年收入至今仍持續攀升。

若想成為第二種的「職種專家」，或是第三種的「業界專家」，就必須深耕自己「探究本質的觀點」和「類比思維（類比推論）的能力」以期自己成為該領域的翹楚。

經常性地思考當前的職種或業界的本質，在處理平日工作的同時，思考「現在的工作和其他職種或業界有什麼共通點？」、「能不能套用現在正在做的事情？」透過這種方式，就能增進自己的能力。

當 career up 的概念越來越普及，若仍抱持著只要固守目前的職種或業界的工作就好的心態，而停止精進自我，不思考轉職或副業的可能，是很難達到個人價值最大化的。所以，必須**隨時緊盯著自己眼前的選項，然後採取行動**。

當然，除了這三種路徑之外，也可以在成為職種或業界的專家之後，選擇自立門戶、創業等職涯發展。但是，我認為多數人普遍仍以穩紮穩打的上班族為基礎，因此在此先介紹這三種路徑模式。

轉職前的積累預備

轉職的最佳時機？

俗話說「再冷的石頭，坐上三年也會變暖」，工作也一樣，常聽人說「總之，還是先做滿三年再說」。意思就是說，如果沒辦法在一家公司撐過三年，「履歷表就會很難看」。

可是，我也有過只在公司任職一年半的情況，但我仍然在年收入攀升的前提下，換了工作。

重要的不是「任職長短」，而是「任職期間的過程」。有辦法隱忍三年，未必代表能培養出更高的能力。比起在難纏上司底下安分守己三年的人，能夠在一年內做出績效的人更能夠提高自己的市場價值，這是十分顯而易見的。

一邊是上司的能力不足、同事的工作態度散漫，一邊則是能夠幫自己提高能力的優秀上司，同樣都是一天，但感受到的「密度」與「強度」卻是不同的。若要舉例的話，後者應該是「精神時光屋」。

精神時光屋是在漫畫《七龍珠》中登場的修行房間，這個空間裡的時間速度和外面的世界不同。在精神時光屋裡面，一年就相當於外界的一天。換句話說，只要在這個房間裡修行，只要一天的時間，就能獲得一年份的修行成果。

轉職也一樣，比起任職期間，「任職的過程」才是重點。與其一邊咬牙苦撐工作，等待著時間的流逝，不如做一個不斷追求轉職市場所需能力和成果的人才。同時，平時就要積極收集職缺資訊，做好在絕佳求職時機出現時，可以隨時離開的準備，這也是非常重要的事情。

可是，「不能轉職的時機」確實存在。那就是「現在的工作很辛苦，令人討厭」的時候。

當你因為工作辛苦，或是討厭現在的工作內容而開始考慮轉職的時候，轉職的目的就會變成「離職」。這個時候，即便隱約感覺到對方好像是間黑心企業，可是一旦確定錄取，你仍會馬上決定轉職。

然而，一旦經歷過這樣的轉職，就很容易陷入「覺得工作很痛苦」，又再因相同動機而轉職的「惡性循環」。

希望大家記得一個重點，轉職並不是目的，而是實現個人願望的「手段」。千萬不要把離職當成轉職的目的。

轉職應該隨時放在心上，甚至「工作邁入最顛峰的時機」，才是應

該勇於轉職的時機。

從招聘者的角度來看，比起那些基於負面理由而考慮轉職的人，他們應該會更希望和充滿正能量的人才共事才對。在現在的職場有一番作為，同時又能感受到工作愉悅的時機，就是轉職的最佳時機。

轉職準備的關鍵是「資訊量」

從在大賣場工作的時代起，我在正式準備轉職前，就會在人力銀行網站進行資料登錄，同時也經常查詢職缺資訊。因為我把「比現在更高的年收入」，當成轉職的第一目標，所以我會根據目標年收入去查詢職缺資訊，然後把中意的職缺資訊標記起來。

我幾乎每天都會瀏覽人力銀行的網站，結果發現了幾件有趣的事。

例如，位於山梨縣山區的某製造商的年收入，比位於六本木黃金地段的時尚ＩＴ企業更高；又或者，籌措資金的無名創投企業跟知名企業相比擁有更高的年收入等。我就在這樣的調查過程中，不知不覺地掌握到「年收入的行情」。

另外，我也了解到，**想要達到高年收入職缺的門檻，不單需要具備該職缺的絕對能力，其中更包含無論何種職種都該具備的基本技能與經驗，也就是所謂職場上的經驗與積累**。

因此，想提高年收還必須掌握各職種所要求的基本技能，以及目標年收入所需要的工作能力，然後從中找出與當前工作相同的共通點，而不是單純地查詢職缺資訊而已。

就我個人的經驗來說，準備轉職的關鍵在於**尋找共同點的「資訊量」**。瀏覽眾多企業的職缺資訊，然後找出與當前工作相同的共通點。

這樣一來，光是單憑個人喜好，就能找出自己真正可以一展長才的職種，或是願意聘用自己的公司。

另外，透過職缺資訊的查詢，也能了解現在的年收入是否合理，以及在業界內的年收入狀況。多虧透過人力銀行網站掌握了年收入的資訊，我才能了解大部分業界的年收入水準。

搜尋、收集職缺資訊是有訣竅的。在當時我所篩選的，不是自己感興趣的業界，或是相同業種的職缺資訊，而是全面性地查看「年收入八百萬日圓以上的所有企業」這類年收入高於當前的職缺資訊。

查閱年收入高於自己的職缺資訊後，我才發現「高年收入的職缺，需要的都是些什麼樣的人」。擁有什麼能力的人，是哪種業界所需要的人？那個職缺的年收入和自己的年收入有多少差異？這才驚覺自己原先的認知有多不足，需要補充的資訊多如牛毛。

當然，有時自己未必符合心儀的職缺所要求的能力，這個時候，**「該培養什麼樣的能力，才能讓自己獲得好評呢？」**只要從這樣的觀點去思考，並擬定計畫加以行動就行了。

說個題外話，定期確認職缺資訊，也能察覺到即便是相同的工作，職缺內容仍會有所改變，又或是職缺本身是否即將被淘汰。

以最近比較容易理解的事例來說，就是「伴隨著銀行數位化企業所需要的人才」。這類職缺剛開始出現時，有很多不要求專精的職缺，但是，最近職種被細分之後，企業開始要求更具體的人才條件。如此就能知道，銀行在推廣數位化的時候，應該採取什麼樣的部門配置，為此，又該採用什麼樣的人才。

早一步鎖定「緊急招募人員的職業」，然後培養出能夠在該領域活躍的能力，也不失為一種方式。

當眼前出現大方向的目標之後，就要先收集資訊，讓自己能夠想像那個職缺今後會變成什麼樣？會是什麼樣的工作？

除了寫在公司網站或職缺資訊上的資料之外，也請試著查閱報紙或

■人力銀行網站可獲得各式各樣的資訊

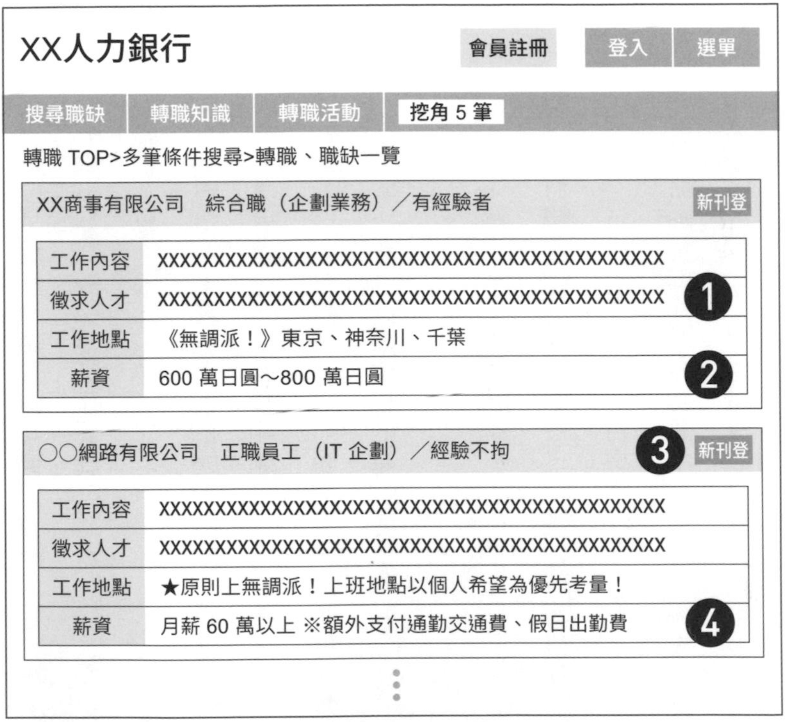

1
- 高年收入職業所共同要求的能力為何？
- 學習哪種能力，能夠提高多少市場價值？

2
- 自己的年收入在業界中是否合理？
- 社會上的年收入行情？

3
- 招募較多（需求增加）的職種是什麼？

4
- 社會上格外高收入的職業

網路新聞、雜誌專訪、電視的經濟節目等資訊，把那些資訊輸入到自己的大腦裡面，確實掌握社會的「趨勢動向」。甚至，各業界工作者的「心聲」也很重要。

就算現在不打算馬上轉職，仍要隨時查看轉職資訊，預先查看起來放著，也不會有半點損失。徵才的職缺資訊會不斷地變動，所以隨時想著「總有一天，轉職的時刻會來臨」，隨時掌握有什麼樣的職缺，讓自己處於隨時都可以轉職的狀態，是最基本的原則。

「沒有想做的事的人」的職涯描繪方法

雖然對現在的工作有所不滿，但是卻沒有特別想做的事。可是，又想多賺點錢——「沒有想要的職涯」或是「沒有想做的事情」，基於這樣的理由，雖然有提高年收入的慾望，但是卻仍散漫地窩在現在的公司裡面，相信這樣的人也不少。

其實，我也沒有什麼特別想做的事。可是，我想要實現「某個願望」的心情卻十分強烈。那就是我想賺錢、想變成有錢人！為了實現這個願望，才會驅使我積極地採取轉職和從事副業的動作。而不管是什麼樣的人，多多少少都有願望。

「想每天睡覺」、「想要有一億日圓」，我想任何人的內心裡應該都有這種「希望有一天能不受任何約束，隨心所欲過日子」的願望。可是，許多人都會把它當成夢，只是想想罷了。

例如，就算想要一輛賓士車，想法頂多只會僅止於「如果未來買得起，該有多好」，卻不會產生「該怎麼做才買得起」的念頭。單憑想像就能滿足，明明沒有人潑自己冷水，自己卻擅自踩下剎車，自認為「自己根本不可能辦到」。

可是，**辦不辦得到，全看自己怎麼決定**。在踩下「不可能」的剎車之前，我會**先試著想像，「如果要實現這個願望，該怎麼做才好？」**

舉例來說，思考「五年後，怎麼樣的生活才算幸福？」時，應該多少會產生某些願望，像是只要收入足以應付生活便足夠，或是希望可以不用工作，靠非勞動收入在國外生活之類的。最重要的是，把「想像」擴大到幾乎「妄想」的感覺。

不會讓生活陷入困苦的收入，具體大約是多少？不用工作，靠非勞動收入在國外生活的狀態是在哪個國家？靠什麼收入獲得多少錢？就像這樣，**收集資訊，直到能夠具體想像為止**。

「五年後賺到年收入千萬日圓，每個月請三次有薪假去露營，午餐吃吉野家，但每個月去銀座吃一次高級壽司當晚餐。」

「五年後不再當公司職員，靠房租收入和股票分紅，每年收入五百萬日圓，在某個熱帶島嶼悠閒自在地生活。」

請盡可能真實地想像，如果自己的妄想真的成為現實，會是什麼樣的畫面和狀況。

當願望的描繪逐漸變得清晰，接下來就會產生「什麼樣的職涯，能夠實現這種願望？」的觀點。

這個時候就要收集轉職資訊，找尋能夠讓自己實現願望的職場環境，同時掌握取得那份職務級別的必備能力，然後在當前的職場用心打拚並培養那樣的能力。

我選擇提高年收入的職涯，但並不代表單靠這個職涯就能獲得幸福。我認為前往能夠實現願望的場所，這樣的想法是拓展職涯的好方法。如果你不是上班族的話，或許也可以選擇創業或是部落客等道路。

不管是什麼樣的道路，標準答案只有自己知道，不管如何，請試著想像「自己想成為的那個樣子」，然後試著付諸行動。你只需要**把「願望」變成「目標」，然後認真面對**，你自己的行動應該也會隨之轉變。

選擇轉職目標的方法

實現年收入翻轉二十倍的「主軸轉移轉職」

我靠著轉職，大幅提升了年收入。從大賣場到現任的創投企業，藉著四次的轉職，讓年收入從二百四十萬日圓提升至一千萬日圓。

我提高年收入的轉職方法是，把主軸轉移到年收入較高的業界或職種，名為「**主軸轉移轉職**」的方法。

其實所謂的年收入，大多取決於「職種×業界」的大框架。當然，年收入也與職務級別（高階主管、部長、課長、組長等）、企業規模和企業屬性（外資企業、日商大型企業、中小企業、創投企業等）有關，不過，最大的要素仍然在於「職種×業界」。

例如：「金融業界大企業的業務經理→年收入一千六百萬日圓」或是「零售業界大企業的董事→年收入九百萬日圓」這樣的感覺。**比起企業規模和職務級別，業界或職種對年收入的影響反而更大**。

也就是說，靠轉職提高年收入的捷徑就是，把「業界」或「職種」這兩者其中的一種主軸，**轉移到「年收入較高的業界」或是「年收入較高的職種」**。

尤其，業界對年收入的影響最大，所以建議把轉移的主軸放在業界。年收入排行較高的業界，基本上就是「流動金額龐大且高利潤」的業界。例如，商社、顧問、金融、通信或是廣告等業界。

各業界的平均年收入，只要查詢「業界別平均年收入排行」等資料，就可以馬上得知。只要稍微深入了解，就可以明白今後勢必能持續發展的業界或產業。

有了這些知識之後，就可以充分運用自己的業界和職種經驗，選出能夠加以應用的「年收入幅度較高的業界」。

我**在四次的轉職中，改變了三次的業界主軸**，藉此使年收入從二百四十萬日圓，提升至一千萬日圓。

第一間公司是零售業界、第二、三間公司是人力資源業界、第四間公司是ＩＴ業界、第五間公司則是廣告業界，我把「主軸」慢慢轉移到平均年收入較高的業界，名為業務的職種主軸則維持不變，不過，職務級別晉升了，年收入也增加了。

第一間公司屬於零售業界，因為我在此環境有過招聘的經驗，透過業務接觸而對徵才廣告產生興趣，所以就轉職到人力資源業界。

第二間公司屬於人力資源業界，我以業務的身分努力經營並提高績效，終於獲得晉升。

第三間公司同樣屬於人力資源業界，公司是業界中的大型企業，我在職務級別晉升下進行了轉職。

在第四間公司，就跟在人才資源業界的時候一樣，我運用業務力和職務級別，轉職到在傳統領域拓展事業的ＩＴ業界的創投企業。在以ＩＴ業界的業務身分累積實績之後，進一步以業務部長的身分轉職到年收入更高的廣告業界，直到現在。

雖然這種路徑及模式未必適用於所有人，但轉移到年收入幅度比原先任職企業更高的業界，**年收入的成長幅度，絕對會比轉職到同業同職種來得更多**。

過去我也曾在 Twitter 等社群媒體平台上介紹過這種方法，而且也已經有許多人因為效法我的模式而大幅提升了年收入。可是，這種方法終究是以提高年收入為優先目標，所以，對於拘泥於企業規模、企業品牌或職務級別的人來說，有可能並不適用。可是，對於有興趣「提高年收入」的人來說，卻十分有效。

儘管如此，在轉職到完全不同領域的業界時，仍然有可能在書面徵選的時候就被剔除在外。因此，還是應該運用當前的業界和職種經驗，轉職到與自己所在業界相關或相近，且年收入幅度較高的業界。

另外，把希望年收入稍微提高一點，也是很重要的事情。**與其客氣地表示，「維持當前的年收入就好」或是「一切遵照貴公司的規定」，不如坦率地表明自己希望的年收入，反而獲得的年收入會比較趨近於希望年收入。**

可是，表明希望年收入的同時，也需要提出「實績」，讓企業主認為「自己是值得支付如此金額的人才」，所以最好不要提出太誇張的金額，或是無法說服對方的金額。請注意就稍微加高一點就好。

整體來看，目前實際採取「主軸轉移轉職」的人並沒有很多。

過去，若想靠轉職提高年收入，通常都是採用職務級別晉升，或是改變企業規模的方法。想靠轉職改變就職業界的做法時至今日仍難免會被潑冷水，不是說「沒有經驗，恐怕很難」，就是說「就即時戰力來

■以 moto 的職涯為例的「主軸轉移轉職」的示意圖

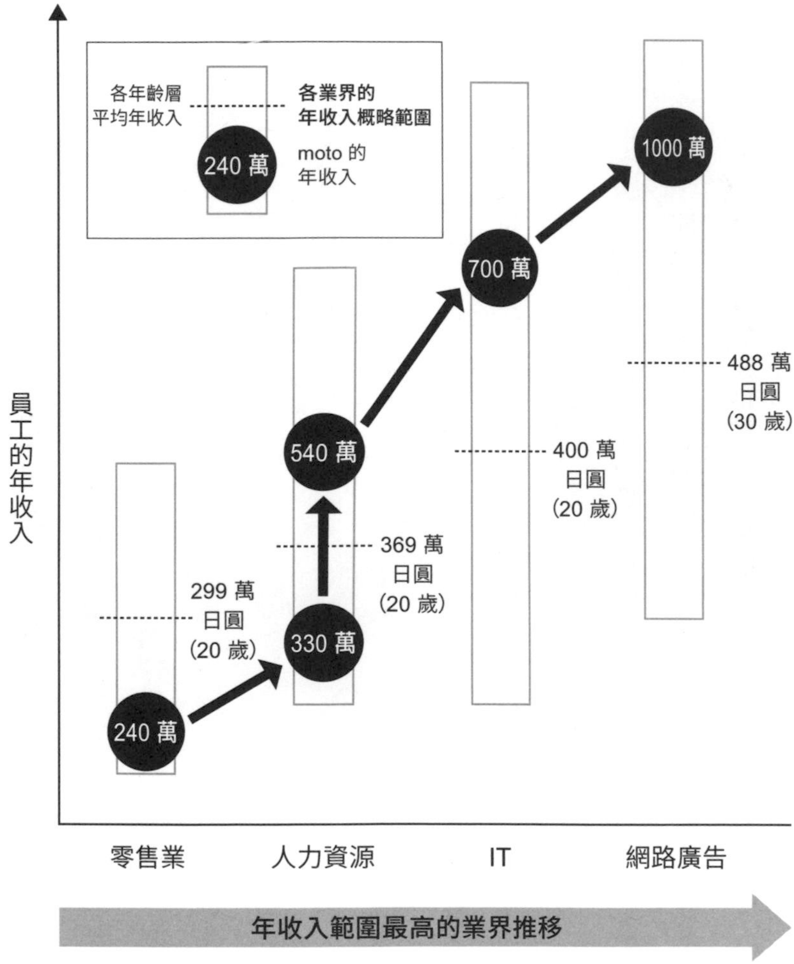

職種、業種、年齡層平均年收入的出處：http://dada.jp/guide/heikin/search/
※從上述服務算出

看，似乎發揮不了作用」而被建議轉職到同業同職種。

基本上，因為沒有經驗，所以**把其他業界或其他職種當成目標的人，本來就非常少了**。大部分轉職的人都是選擇「同業同職種」，藉由些許的年收入提升或職務級別晉升，選擇職涯發展的道路。可是，同業同職種的轉職，年收入頂多增加五十萬日圓，升遷最高也只到經理或主任，就已經是極限了。

前幾天，我的朋友獲得年收入增加兩百五十萬日圓的挖角條件而決定轉職。他三十三歲，在三間公司任職過，擔任過廣告業界的營銷職務、大型廣告代理商分公司的組長，年收入是六百五十萬日圓。之前的三間公司都是廣告業界的營銷職務，所以屬於同業和同職種的職涯。

他在這次的轉職，轉換跑道迎向年收入比廣告業界更高的金融業界。結果，他以金融業界的營銷職務，獲得了年收入九百萬日圓的挖角。據說，廣告業界的營銷職務，就算職務級別再怎麼晉升，七百五十萬日圓的年收入就已經是極限了。他之所以能夠大幅提高年收入，就是因為他把主軸轉移到年收入比廣告業界更高的金融業界。

當然，這樣的轉職技巧也很有效，但就如前面所說的，日常業務的績效才是最重要的。若要成為大家搶著要的人才，最重要的還是「內在」。

想像職涯的思考法

若要評估下個職涯的出口，必須在平日就開始收集資訊。**現在同間公司的員工辭職後，我都會去了解他們轉職到什麼樣的公司**。每次聽到「〇〇好像離職了」、「〇〇部長好像正準備轉職」，我就會毫不遲疑地約他們出來吃飯，詢問他們轉職的狀況。

透過談話內容，例如，「現在，〇〇業界好像在找懂〇〇的人，聽說年收入比我們公司優渥」、「〇〇公司好像開始推廣新事業，聽說可能會和我們公司競爭，打聽之後，發現他們成長的可能性很高」等，了解同公司的人正在從事什麼樣的轉職活動、市場是什麼樣的狀況、有什麼樣的人才需求。

累積這些資訊，就能彙整出**「下次自己可能跳槽的公司清單」**。

除此之外，面試時也可以打聽一下，「離開這間公司的人，都轉職到什麼樣的公司？」或者是「在這間公司活躍的人，多半都是來自哪種企業？」當然，有些公司會回答，也有些公司不會回答，但只要事先調查起來，就可以看到下次面試機會的「轉職出口」。

當然，這裡面還有個人能力的問題，所以並不是在同一間公司待過，就都能一樣進入某間公司。可是，只要知道處於相同環境的人，「下一個工作到哪間公司」，就能夠想像出自己應該學習的技能，或是如何規劃下次的職涯。

雖然關鍵還是在於「自己希望成為什麼？」但在那之前，還是必須事先打聽一番，了解出口的選項。**不論做任何事都是如此，拿著畫有出口地圖的人，和沒有拿地圖的人，他們前進的路線肯定大不相同。**

不論是什麼職業，都應該拿著畫有一定路線的「職涯地圖」。

可是，中途可能會有突發狀況。

「進公司當時，雖然描繪了拔擢高升的藍圖，但是，因為自己缺乏政治力，所以還是運用業務技能，轉職到其他的公司，謀求升遷吧！」或是，「原本打算靠業務專業轉職，可是，自己似乎能在現在的公司晉升，所以就試著以部長為目標吧！」就像這樣，在工作的過程中，狀況可能隨時因為個人的順遂與不順遂，或是環境主因等而不斷改變。

因此，絕對不要過分固執，「其他選項或許也會是個不錯的職涯方向」，只要一邊觀察其他迂迴的路徑，一邊修正地圖就行了。**只要稍微**

評估一下兩年至三年後的自己，自然就能找出市場價值較高的職位。

下個轉職目標的「選擇法」

在選擇轉職目標時，我會盯著「下、下個公司」，然後進行選擇。如果只追求眼前的年收入，但在進入公司後，卻讓自己的市場價值下滑，那就本末倒置了。

「自己的市場價值是否能跟著轉職目標提升呢？」以這樣的觀點挑選轉職目標，是非常重要的事情。

就挑選轉職目標的方法來說，請試著想想，「那個業界現在有賺錢嗎？今後有賺錢的可能性嗎？」薪水成長唯有營利上升時才會成立，所以，把自己置身於賺錢的市場，便是提高年收入的要素。

另外，把自己置身於正在成長的業界，就長遠來看，就能讓自己獲得更有用的技能。**成長中的業界會增加新的職位，以及過去未曾經歷過的工作，所以就可以獲得寶貴的經驗值**。

上班族的職涯是人生當中最長的期間。下次的轉職並不是最後的終點，與其憑著眼前的年收入或工作內容進行轉職，不如以希望達成的事情為目標，挑選下一家公司。

即便現在無法立刻選擇自己想做的工作，只要持續累積那份工作所需的經驗，總有一天，一定能夠成就那份工作。因此，必須備妥通往目標高山的「登山方法（職涯路線）」，以及登山所需的必備「道具（技能）」。

如果有自己設定好的工作、職位或年收入目標，就試著問問該職位的人，了解對方一路走來的路徑。如果周遭沒有那樣的人，也可以問轉職仲介[13]。「〇〇公司的業務經理，多半都有什麼樣的經歷呢？」如此，應該可以粗略了解對方的職涯發展路徑。

除此之外，**「年齡和年收入」的考量**也很重要。

我是用「三十歲年收入一千萬日圓」這樣的目標逆推回去估算，然後再進一步思考職涯。所以就能明確描繪出下、下次應該去的公司，或是應該採取的職涯路徑。

職涯發展的選項有很多，以一般員工的身分進入大企業、在創投企業升遷，或是享受外商企業的光環等，這個時候，就要**從這樣的觀點去思考，「能夠幫自己實現下、下個職涯目標的公司在哪裡？」**、**「在那間公司能夠做到幾歲？」**只要一併考量年齡和年收入，自然就能看到應該投入的業界與職位。

提高職涯的解析度，應該就能看到「下、下」間公司。

四次轉職琢磨出的轉職活動的「HOW」

日本轉職仲介參考篇

從轉職仲介身上找出「符合個人職缺」的方法

大家常說，「轉職的成功與否取決於仲介本身」，但不論轉職仲介的能力高低，他們所看的職缺資料庫都是相同的。如果只想著「希望遇見一位好的轉職仲介」，就等於是把一切託付給命運，但是，請別忘了

13 轉職仲介：日本的求職服務。提供企業徵才介紹、面試安排、薪資交涉等，轉職相關協助的服務工作。對求職者來說，以上的服務都是免費的，轉職仲介不會向求職者收取任何費用。而是在轉職者確定錄取後，向企業收取轉職者年收入三〇％左右的金額作為酬庸（介紹費）。求職者只要在求職網站登錄，就會有轉職仲介主動聯繫，有點類似臺灣的房屋仲介的概念。

「如何運用轉職仲介？」的觀點。

在利用轉職仲介的時候，必須預先了解他們的商業模式。轉職仲介的商業模式是，轉職者決定進公司後，即可獲得收益的「成果報酬型」。報酬的行情大約是轉職者得到的挖角年收入的三〇～五〇％左右。挖角年收入越高，他們的收益也會增加越多。

求職者轉職之後，如果沒有簽訂內定承諾書[14]，他們就無法獲得收益，所以他們會透過各式各樣的呈現方式或面談，介紹職缺，提出建議。當然，有時也會有不錯的職缺，但是其中也可能推薦「錄取標準偏低，容易獲得內定的公司」，所以必須多加注意。

雖然和轉職仲介面談一律免費，但以對方的立場來說，面談終究是工作的一部分，所以請別忘了對方會推薦「比較容易錄取的公司」。

另外，經營轉職仲介的企業也有各種不同的規模。從 RECRUIT AGENT 等大企業，乃至以個人事業經營的轉職仲介，從事人力資源仲介的公司超過數千家之多。

可是，轉職仲介的好壞，無關公司規模或品牌價值，完全仰賴於「仲介個人」，所以也可能因為承辦的「人」而導致失敗。

若希望利用他們，引誘出符合自己的職缺，就要**了解轉職仲介各自的特徵，再以恰當的態度和對方面談**。

就經驗來說，轉職仲介大約可分成五種類型。

①職缺大量收集型↓建議首次轉職~第二次轉職者採用。

②單點推薦型↓建議第二次轉職以後的轉職者採用。

③親密提案型↓建議第二次轉職以後的轉職者採用。

④業界精通↓建議同業志向的轉職者採用。

---

14 內定承諾書：以日本的就業規則來說，應聘者通過面試之後，會收到內定通知書或口頭上的內定，代表該公司錄取應聘者。獲得內定之後，應聘者須簽定內定承諾書，代表接受該公司的聘僱。

⑤獵頭型→適合位居高階職務級別的精銳轉職者。

由於各類型擅長的面向皆不相同，所以建議採用多種轉職仲介類型。接下來就說明各類型的具體使用方法。

①職缺大量收集型仲介

推薦給第一次和第二次轉職者的是，大型轉職仲介的「職缺大量收集型」。正因為是大型轉職仲介，所以擁有大量的職缺資訊，他們會以亂槍打鳥的戰略，介紹大量的職缺。「RECRUIT AGENT」、「**doda轉職仲介**」等都屬於這種類型。

以大型轉職仲介的情況來說，剛進入公司沒多久的新人就會擔任職涯顧問（Career Adviser），所以職涯諮詢都是些成俗客套的內容。面對這種類型的轉職仲介時，不要在職涯諮詢上有過度的期待，只要請對方彙整出市場上的職缺就夠了。

另外，由於大型轉職仲介的窗口，大多分成負責與求職者接洽的職涯顧問，和負責處理企業業務的業務人員，所以即便透過面談詢問詳細的企業資訊，能取得的資訊仍然不多。因此，也可以參考一下「轉職會議」或「Vorkers」等評論網站。

透過面談取得推薦職缺的方法

和這種類型的轉職仲介面談時，建議把自己扮演成一個「對任何工作都十分感興趣的轉職者」。對於第一次轉職的人，對方會提出各式各樣的職缺，因此，與其鎖定業界或職種，倒不如請對方提出更廣泛的職缺，試著掌握市場狀況。

在面談的時候，只要告知所有搜尋條件就夠了。盡可能地傳達，「年收入×××萬日圓以上，上班地點××和××，業界是××、××和××，職種是××、××和×××，職務級別是××以上」等資訊，請對方把所有符合條件的職缺全部列出來吧！

請大型轉職仲介提供大量的職缺資訊給自己，在按照興趣，將職缺分門別類的過程中，應該就可以慢慢知道，「自己對什麼感興趣？」、「值得重視的主軸是什麼？」、「現在對什麼感到不滿？」為了找出關鍵的主軸，請讓對方提出大量的職缺資訊。

②單點推薦型仲介

推薦給第二次之後的轉職者的是，由少數精銳經營的小規模到中規模「單點推薦型」轉職仲介。實際上對我有益處的轉職仲介是「GEEK-LY」和「type 轉職仲介」等公司。

「這間公司很適合你喔！」就像這樣。這種類型的職業仲介都有推薦特定職缺的傾向，所以，如果覺得那個職缺「適合自己」的話，就可以考慮接受。因為光是主動推薦，就代表對方會比其他轉職仲介更願意幫忙交涉年收入，或是與企業交涉，確保職缺。

這種規模的轉職仲介和大型轉職仲介不同，他們不擅長介紹大量的職缺（他們也未必擁有那麼大量的職缺資訊），所以他們大多都是用少數的職缺，找尋最佳的匹配對象。

如果希望接觸較大量的職缺，大型轉職仲介會是個好選擇，但如果希望集中於某特定方向或條件，請對方提供相符職缺的話，就非這種類型莫屬。由於他們也比較了解面試對策或過去曾提問過的問題等資訊，所以錄取率也會比較高。

偶爾也會出現這種特殊待遇，「我手上有企業特別委託的非公開職缺」，但就我個人的經驗來看，那個職缺幾乎都會在數周後被刊登在轉職網站上面，所以，這類資訊還是不要隨便囫圇吞棗才好。

透過面談取得推薦職缺的方法

和這種類型的轉職仲介面談時，只要表現出「已經稍微習慣轉職的態度」就行了。只要表現出早已經和其他仲介面談過，也和企業面試過的態度，轉職仲介主動推薦的職缺幅度就會增加。請注意溝通的方式，想辦法引誘出符合自己的條件。只要條件符合，對方就會努力地把自己推薦給企業，錄取率就會提高。

請直接照自己的想法傳達希望的條件，明確表示自己對介紹的職缺「有興趣，或是沒有興趣」。

最重要的是，當對方提出自己沒有興趣的職缺時，應該明確地表示，「哪裡不符合期望」。日後，對方便可能據此提出其他的職缺，所以建議事先表明清楚，避免讓對方誤會。

③親密提案型仲介

只要在「BizReac」或「CAREER CARVER」註冊，就能夠被**個人或小規模轉職仲介**發掘的轉職類型是「親密提案型」。

這種類型的轉職仲介大多會經由 BizReac 主動與自己聯絡，所以請試著前往註冊。應該有人會經由ＤＭ（直接郵件；Direct Mail）等媒介，主動找自己攀談，「就算不轉職也沒關係，見個面，交換一下資訊吧！」雖說每個人的做法不同，但對方通常不太會做「強推職缺」的事情，大多都會提出符合個人職涯的職缺。

可是，這類仲介提出的職缺幾乎都是大型轉職仲介也擁有的職缺資訊，很少有什麼新穎的職缺。

也有轉職仲介會提出「一起規劃職涯藍圖」的建議，從成長經歷開始與自己深入探討，這個時候，只要觀察對方與自己是否契合就行了。如果有任何不自在的地方，就試著找其他仲介吧！

另外，這種類型的轉職仲介，大多都在「人才業界內」累積了許多資歷，所以轉職仲介的經驗也會比較多，能夠跟自己談論更多其他求職者的案例。若考慮中長期的轉職，請多加參考一番。

透過面談取得推薦職缺的方法

和這種類型的轉職仲介面談時，建議表現出「就如你所看到的，我希望馬上轉職」的態度。如果對方感受不到「轉職的積極態度」，多半都會從長計議，提供不急於求得結論的職缺。只要注意溝通方式，讓對方多多介紹當前的職缺就行了。

其中也有些轉職仲介帶有比較強烈的親密態度，可能在面談的時候，詢問自己的「成長經歷」，這個時候不要怕麻煩，要盡情地暢所欲言，也可以請對方推薦一些其他轉職仲介沒有介紹的職缺。

有時，轉職仲介也可能成為長期往來的夥伴，所以要明確地傳達出「希望能看看各種不同的職缺」的心情，請對方盡全力提供符合自己的職缺。基於未來的職涯考量，建議找個能夠和自己討論企業挑選的夥伴。

另外，由於他們會把時間花費在同一個人身上，所以並沒有許多面談者。因此，只要感受到求職者的魅力，他們就會積極地和對方保持聯繫。

④業界精通仲介

以同業轉職為目標的二十歲後半至三十歲的轉職者，建議採用精通業界的仲介。許多轉職仲介都是人力資源業界出身，但若是鎖定業界的轉職仲介，仲介本身多半都是金融業界、顧問或ＩＴ等業界出身，因此，他們能根據自身在業界的經驗，給予職涯建議與職缺提案。「Kotora」、「Movin」就相當於這種類型。

對考慮在相同業界轉職的人來說，這種類型的轉職仲介是最有效率的。這類型的轉職仲介，不同於只有人力資源業界經驗的轉職仲介，由於他們實際了解業界內的大小事，所以提供的職缺和職涯建議多半十分受用，能夠給予極為中肯的建議。

儘管鎖定於特定業界，但並不代表他們一定擁有「特殊職缺」或是「限量職缺」，所以他們有時也會提出，等級低於大企業職缺的企業職缺，或是較低階的職缺。千萬不要認為對方「把自己當成笨蛋」，請把它視為業界出身者所提供的有價值提案。

透過面談取得推薦職缺的方法

面談時的態度，請以詳細了解業界為前提，同時注意「邏輯性的談話內容」。他們十分重視自己的評價，所以絕對不會把半調子的候補者介紹給企業。只要事先表明轉職的動機、想進入目標企業的動機和職涯願景就行了。

面對這種類型的轉職仲介時，可以詳細詢問仲介本身過去的職涯。過去任職於什麼樣的部門？擔任哪種職種？只要了解這些部分，就能產生共同的話題。再透過共同的話題慢慢縮短距離，使彼此的感情升溫，就能建立出更密切的關係，即便碰到不想接受的職缺，也能夠直接坦率地拒絕。

拒絕的時候，也請邏輯性地表明討厭的理由。只要對方願意幫自己擦亮轉職的主軸，就絕對是值得信賴的轉職仲介。

⑤獵頭型仲介

對擔任重要職務（管理職以上）的人來說，利用獵頭者的轉職活動最有效率。當自己的績效被雜誌報導，或是被刊登在網路上，獵頭者就會透過各種管道取得自己的聯絡資料，直接與自己聯繫。知名的獵頭企業有「**JOMON Associates**」或「**Robert Walters**」。

BizReac 和 LinkedIn 也可以看到寫有「獵人頭（Headhunting）」的DM，不過這些並不是獵人頭。真正的獵人頭都是在檯面下進行的，職缺也是一般轉職仲介所沒有的。

因為主要都是CEO（執行長）、COO（營運長）或CFO（財務長）等為首的幹部職位，所以會採取比較特別的動作。

透過面談取得推薦職缺的方法

獵頭者會詳細調查求職者，再主動聯繫，但有時也會有高估的情況。獵頭者主動聯絡的時候，最好先見個面，重新介紹自己。然後，請再詳細詢問招聘職缺的細節。那是間什麼樣的公司？未來以什麼事為目標？目前欠缺什麼樣的人才？獵頭者非常了解企業，所以請一邊商談，一邊排除各種疑問。

面談的態度就是「實話實說」。若是獵人頭的情況，對方都是在對你做過詳細評估後，才主動與你聯繫，所以請努力填補個人實力和獵頭者評價之間的差距。只要立場對自己有利，那就ＯＫ，就可以做出強勢的交涉。

以上，介紹了五種不同類型的轉職仲介。

這些資訊是屬於我個人的主觀看法，所以僅供參考。雖然能夠引誘出某程度的好職缺，但仍要視對方的態度而定，所以請一邊注意自己與轉職仲介之間的溝通方式，一邊努力引誘出適合自己的職缺。

文件製作篇
被企業選中的「戰略性職業履歷」的寫法

若要成功轉職，書面審查所提出的「履歷表」也相當重要。這裡就以我實際填寫過的履歷表為例，向大家介紹履歷撰寫的重點吧！

首先，撰寫履歷表之前，先彙整與轉職相關的大小事。

轉職和就業活動都是「**把名為自己的『商品』賣給企業的銷售活**

動」。基本上，就是把過去累積的「個人經驗和技能」當成商品，進行名為「自己能夠做些什麼？」、「能為公司貢獻什麼？」、「價值多少錢？」的「自我推銷」活動。

「因為貴公司的服務很有吸引力」或是「貴公司有很多優秀人才」，與其傳達這種希望進入該企業的理由，不如宣傳「聘僱自己的好處」，更能夠提高錄取的機率。

另外，只要「聘僱自己的好處」正好符合對方的需求，被錄取的機率就會大幅提高。不管是轉職也好、業務行銷也罷，基本的重點都不在於「自己有多麼高明厲害」，而是應該明確告訴對方，「自己能夠滿足他們的需求」。

換句話說，就是必須先了解對方的需求，然後製作出能夠滿足對方需求的履歷表。

必要的能力與技能

【必須（MUST）】

・曾擬定銷售戰略，並與三人以上的小組共同執行過銷售戰略。
・曾對目標設定KPI（關鍵績效指標），並量化管理業務目標。
・曾自行構思銷售方法和通路，並且做出實績。

【想要（WANT）】

・團隊管理經驗。
・成員管理經驗。
・有三年以上的業務經驗，同時有從零開始組織銷售團隊的經驗。

① 掌握對方的「需求」

首先，先掌握對方的聘僱需求。

對方的需求就記載在人力銀行網站或企業網站的「職缺需求」裡面的「工作內容」、「要求的人物形象」、「需要的能力與技能」。例如，就如前述羅列的內容。

雖然光有這些資訊就十分足夠了，不過，也可以參考一下「刊載有相同職缺的其他轉職網站」。就我個人的經驗來說，Rikunabi NEXT、Mynavi 轉職、Green、en 轉職，各網站所列出的「職缺項目」都不相同，所以可以了解單一職缺中所沒有記載的「需求能力或技能」。

除此之外，閱讀社長或社員專訪的文章，也十分有幫助。只要利用「企業名稱　社長姓名」等關鍵字加以搜尋，應該就能找到幾篇文章，閱讀的時候，請注意「平常都做些什麼樣的工作」，或是「有什麼樣的問題」等部分。

透過這樣的搜尋，也許會找到「負面資訊」或是「批判企業的報導」。可是，即便是批判報導或是負面報導，也請務必確實閱讀。

因為閱讀之後，可以針對該報導指出的「負面部分」，思考解決的方法，**想想看自己能夠做些什麼？或是那個批判的真正問題是什麼？就能更容易把自己推銷給對方**。

掌握志願企業「今後打算做什麼？」、「當前面臨什麼樣的問題，打算如何解決？」、「在社會上是被如何評論？」同時，針對那個問題，明確傳達自己能做的事情。關鍵就是**訴諸「聘僱自己的好處」**。

若要進一步深入的話，如果對方是上市公司或企業的分公司，也可以參考一下ＩＲ[15]資訊。

再重申一次，企業徵才是為了找尋「能夠解決某些問題的人」，所以要抓出那個問題，同時，把「自己過去曾經突破相同問題的經驗」寫下來，製作出趨近於**「對方想要的經歷」**。

另外，撰寫履歷表的時候，有四個重要的觀點。

①找出「共同點和類似點」
②「市場價值」才重要，而非社內評估
③明確且「量化」傳達自己的「作用」
④預先準備好面試的「亮點」

接下來就逐一檢視看看吧！

②找出「共同點和類似點」

前面已經提供職缺需求作為參考，首先，先來看看【必須（MUST）】的部分。基本上，履歷表主要是填寫符合【必須

15　IR：Investor Relations，投資人關係，指代表公司針對公司股東與投資人進行溝通的窗口，該職務角色會對外報告公司財務狀況與未來營收展望。

（ＭＵＳＴ）】的「個人過往經驗」（說誇張點的話，其他部分就算沒寫也沒關係）。

另一方面，【想要（ＷＡＮＴ）】的部分就是，「如果符合必要條件，希望這樣的人能來」的企業願望，只要能夠滿足條件，面試的可能性就會更高，但還是不要過分誇耀的好。

在前面的範例中，【必須（ＭＵＳＴ）】的部分列了以下三點。

- 曾擬定銷售戰略，並以團隊形式付諸實行。
- 曾對目標設定ＫＰＩ，並量化管理業務目標。
- 曾自行構思銷售方法和通路，並做出實績。

如果有以上相同的經驗，直接寫出來就沒問題了，但如果是稍有落差的業務情況，請找出「轉職目標所要求的能力與現職所培養出的能力的共同點」，或是**「似乎能有效運用的類似點」**。

例如我曾經從瑞可利的人才廣告業務，轉職到從事零售商推銷業務的創投公司，當時的職缺需求寫著「必須有零售業銷售的業務經驗」。

我完全沒有賣東西給零售業的業務經驗，可是，「傳統領域上的業務經驗」也算是共同點，不是嗎？

瑞可利的徵才廣告「從紙張變成網路」的業務經驗，就類似於轉職目標「把紙張宣傳單變成網絡優惠券」那樣，所以我還是可以有效運用自己的經驗，不是嗎？

因此，我在履歷表上主要描述，「曾經有過把徵才廣告，從紙張轉換成網路的業務經驗」，以及「在媒體轉換時，特別注意與顧客之間的溝通」等內容。結果，我如願應徵上，因為對方認為我是個「面對拒絕新服務的顧客，能夠確實應對的業務員」，所以變成了該公司業務部的經理（這間企業現在已經被樂天收購）。

就像這樣，找出現職和轉職目標的工作——共同點或類似點，**讓對方認為自己「似乎也能在自家公司的職場有所發揮」**，自然就能贏得錄取的結果。只要「具體」想像自己工作的樣子，應該就能看出「與眼前工作之間的共同點」，所以能夠想像自己工作的狀況，也是一大關鍵。

③寫出「個人能做的事」，而非社內評價

企業想了解關於應徵者關於的，並不是前一份工作的社內評價，而是「你個人能夠創造出多少營業額」。

為了展現華麗實績，許多人都會在履歷表上列出自己的業務成績或社內表彰，但在轉職活動上，企業看的是**「沒有企業招牌的自己」的評價**，也就是市場價值的部分。

「應屆畢業後進入大企業任職，達成高於前年一二〇%的營業額目

標。在季度的公司會議上獲得ＭＶＰ，並且在進入公司的第一年度便獲得社長獎。」乍看之下，這個實績似乎十分驚人，但面試者想知道的並不是結果，而是「你自己是個能做出什麼貢獻的人？」

ＭＶＰ或社長獎都是「實績」，但終究是「公司內部標準的評價」，所以對方未必認為「聘僱這個人或許能讓營業額有所提升！」

應該傳達的，不是結果的厲害程度，而是「自己是『如何』達到一二〇%的目標達成率？」比起計畫的規模大小或結果的厲害程度，寫下「『自己』執行的動作深淺」才是原則。

事業和組織只有一個框架，所以訴諸的終究是「個人達到的成果」。請清楚地寫出「有什麼樣的目標」、「為了達成那個目標，做了什麼規劃」、「自己做了些什麼」，讓任何對象都能清楚了解。

職務內容

業務經理的經驗約兩年。管理四名成員。從事國內 No.1 ××××服務的來店應用程式 A 的全新推廣業務。

主要針對全國的零售企業（超商、藥妝店、超級市場），進行業態、規模、經營者特性的量身訂作，從事全新的開發業務。年間共計推廣 ××,××× 間店鋪。

實　績

201× 年 × 月開始推出的來店應用程式，第一年度的營業額目標設定是整體團隊 ××,××× 萬日圓，個人 ×,××× 萬日圓。

就個人達成目標的戰略來説，我選擇零售業界當中的「服裝業」和「藥妝店」作為主力，因為他們的用戶大多都對智慧型手機的流行趨勢比較敏感。以品牌力較高，同時在業界內擁有影響力的顧客為目標，開始推廣業務。以最大企業的加盟為契機，實施大量誘出競爭企業的作戰方式。

為了在短期間內做出成果，我選擇高層接觸的業務推廣手段。透過書信、電訪、介紹等方式，對經營者實施直接推銷。

結果，大型藥妝店 ×× 公司和 ×× 公司決定導入應用程式。我以這個實績為基礎，成功開拓了便利商店和大型超市的市場。同時也帶著這個成果，與所有成員共享高層接觸的行銷方法。由於所有成員打從第一次開始，便採取這種直接和經營者或關鍵人物接觸的方式，進而使團隊達成了整體的目標。

這種全新的業務推廣方式，在團隊成員中具有重現性，因此，也可以在其他業界中推廣，應該有利於用來開拓過去未能接觸到的企業。

④明確且「量化」傳達自己的「作用」

第三個重點是，明確且「量化」寫出自己的「作用」。接下來的內容是我的履歷表的一部分。我試著以其為參考，進行解說。

撰寫這種履歷表的時候，我使用了名為「STARS」的手法。

S：Situation→在什麼樣的環境？
T：Task→具有什麼樣的任務？
A：Action→自己執行了什麼？
R：Result→結果如何？
S：Self-Appraisal→試著回顧後的心得？

盡量簡潔地寫出以上的資訊，閱讀者就能透過那些資訊量「**真實想像進入公司後的你**」，所以就能提高書面資料上的解析度。履歷表沒有標準答案，所以請注意自己的遣詞用字。

實績填寫的大前提是，不應該只是寫「比去年更好」，而是要寫出「比去年增加了一二〇%的營業額」這樣的具體數字。

⑤預先準備面試的「亮點」

最後，我會在履歷表的開頭加上「職涯摘要」。主要也是因為我的轉職經驗比較多，在開頭粗略說明，就比較容易掌握概要。

我會以接近自我介紹的感覺，粗略寫出自己過往的職涯。這裡最重要的是，預先準備好「亮點」。

在我的履歷表中，我所預備的亮點是，我在大賣場任職期間，自行開發招聘媒體、在瑞可利的具體任務，以及直接接觸大型藥妝店社長，開發新客戶等，**面試官會想具體詢問的重點**。

職涯摘要

應屆畢業後，就進入大賣場任職。在業務企劃部有過行銷和聘僱應屆畢業生業務的經驗。在推廣業務期間，個人也曾開發招聘媒體，更因而得到 Yahoo! 新聞和日經新聞的刊登，進而獲得大型人力資源企業的青睞。之後轉職到瑞可利。

在瑞可利的應屆畢業生事業部擔任業務。同時，也參與了新部門「招募 Rikunabi 學生會員」的任務。和業務部之間建立良好關係，擬定獲得 Rikunabi 會員的戰略，並付諸實行。每年為大學和企業人事部門進行超過一百次的演講宣傳。

辭退瑞可利職涯之後，進入以零售業為對象，推廣 IT 服務的新創企業。從事來店應用程式「××××」的事業開發，以及全新的推廣業務。剛進入公司的第一個年度，直接和大型藥妝店的社長接觸，成功開拓了超過 ××,××× 間店鋪。進入公司的第二年，晉升為經理。除了業務戰略、擬定 KPI 之外，同時也負責帶領四名成員。之後，藉著公司被樂天收購的機會離職。

目前在以外資為主的促銷廣告業務部，擔任部長一職。管理十名下屬，同時兼任事業戰略和行銷業務。

如果把所有經歷全都寫進履歷表裡面，就會變成「就算面試不問也無所謂」的情況，所以，僅止於「希望進一步詳細詢問」的內容就夠了。製作出滿足對方需求的履歷表，以「企業想見的人才」為目標吧！

面試篇
挑明聘僱自己的好處的面試術

我自己在轉職的過程中有許多接受面試的經驗，而在工作上，也有許多面試求職學生或轉職者的機會。

在過去曾經任職的瑞可利或樂天，就曾在擔任業務的同時，面試求職學生或轉職者。**即便有招聘職位的差異，但就大方向來看，面試技巧仍有三個共同點**。

自己接受面試的時候也一樣，大多都會被問到這些重點，所以接下來就為大家介紹一下（※雖說檢視重點的角度會依招聘職位或聘僱條件而有不同，在這裡要介紹的是多數面試「不可欠缺」的重點）。

① 傳達「自己是個能做什麼的人」

首先，第一個重點就是「這個人是個能做什麼的人？」面試官和面試者最容易產生誤會的地方就在這裡。

在履歷表撰寫方法的部分也曾經提過，「我的營業額目標達到一二〇%。在季度的公司會議上獲得MVP，並且也在一年之間獲得社長獎！」這種公司內部的實績，不應該當成賣點，**「自己曾經做過什麼？」**才是最重要的。

「每月拿到三十張訂單，因而受到表揚」即便有這樣的實績，若是背後有公司招牌、商品優勢，或是公司內部獨特的專業知識相挺，任誰都能辦到，因此，這樣的成果也可能並非完全單靠個人實力。

值得傳達的不是結果，而是「曾經做過什麼？」的部分。只要能夠傳達出下列的內容，自然就能構成強而有力的自我推銷。

「就我個人來說，我在一年內持續達成每月三十件的業務洽談目標。我把每天的電訪數量設定成別人的五倍，並仔細調查客戶方便接電話的時間、電話對象的詳細資料。電話中主要討論的是問題，同時致力於維持彼此的感情，完全不提及商品的事情。因而實現了每月三十件以上的業務洽談。另外，我也和團隊共享這種方法，使整個團隊的業務洽談成交率比前年高出一五％。」

像這樣具體地說明過程，就能讓人看出「進入公司之後，採取了什麼樣的行動？」面試官自然就能更容易想像你進入公司後的狀況。

面試的時候，有一個原則，那就是配合結果或實績，傳達「面對目標，自己採取了什麼樣的動作？」比起計畫的規模大小和結果的厲害程度，**自己所做的動作「深淺」**才是需要傳達的重點。

進一步來說，不光是公司賦予自己的目標，如果談話內容能夠立足於「公司的目標、願景」，就能獲得更高的評價。

定睛看準公司的「上游部分（公司整體的目標）」，同時執行自己被賦予的「下游部分（手邊的任務）」，除了自己的成果之外，還能為公司的成果帶來績效或採取行動的人，就能獲得相當高的評價。

從公司的上游部分掌握事物的能力，不是短時間就能學習到的能力，所以只能在日常工作中，注意視野的高度，致力於工作。

除了達成個人目標之外，只要能夠先評估「組織目標」，或是「達成目標後可看到的組織格局」，再採取行動，不論在哪間公司，應該都能提高面試上的評價。

② 證明重現性的高度

第二個重點是，**能否傳達「重現性」**。

面試官了解「你是個能做什麼事的人」之後，接下來就會專注在「這個人進入公司之後，是否能夠以相同的方式發揮實力？」

即便是在商品、組織型態、價格和利益關係人（Stakeholder）不同的環境裡，面試官仍然會想了解「這個人是否能在公司內，發揮出和前公司相同的實力？」，也就是說是否具有「重現性」。

我認為**重現性的有無，對「個人市場價值」的影響很大**。

除了「在實現成果的過程中，思考過什麼，做過什麼？」之外，「是否能夠把實現那個成果的經驗所得，轉化成自己的能量？」對自己的市場價值有著極大的助益。**個人的價值就在於那些知識和經驗**。

「如果再做一次相同的工作，你會怎麼做？」被這麼詢問時，「採取與前次相同的做法，做出與前次相同成果的人」，和「運用過去的經驗，更有效率地做出更高成果的人」，所得到的評價有極大的不同。當然，後者的評價肯定比較高。

面試時，企業最重視的是，「這個人是否能在我們公司裡發揮出相同的實力？」**所以必須確實傳達「能夠把過去的職涯經驗，活用於貴公司」的重現性**。

「自己進入公司之後，能夠秉持重現性，充分發揮實力」在想辦法確實傳達這個訊息的時候，必須**「具體」想像自己在新公司裡「從事工作的情況」**。

應該收集新公司的真實資訊，「具體」想像自己上班之後，每天會做些什麼事情。如此便可以找到「啊！自己在當前業務中所獲得的能力，似乎能夠運用在這個部分」的共同點。就可以在面試的時候訴諸這項個共同點，把它當成自己進公司時的「貢獻點」。

另外，也必須掌握對方的需求。

企業的需求可以透過轉職網站或企業網站上的資訊來加以掌握，除此之外，也可以向轉職仲介或企業的人事部門職員詢問，「這次的招聘緣由是什麼？」

希望這次聘僱的人能夠解決什麼樣的問題？打算賦予什麼樣的任務？公司打算往哪個方向走？透過這些問題，就可以了解對方**希望在聘僱者身上看到的「重現性」**。

回顧現在的工作，看看自己是否符合企業的需求，如果符合，那就以其為依據，從過去的職涯開始傳達即可。

不光是要把「成功體驗」化成能量，工作失敗或後悔等「反思和內省」，也要深深刻劃在自己的經驗裡。

■面試時，最重要的是訴諸「重現性」和傾聽企業「需求」

傳達「自己是個做過什麼的人」，
同時訴諸重現性

成功體驗的背後，一定會有失敗經驗，從失敗中學習到的事情，也能成為自己的價值。在未來轉職的企業裡，可能再次犯下相同錯誤時，就能有警醒作用，「那個做法不對，這麼做比較容易成功」，應該會對自己有所助益。

面試的時候，如果可以連同重現性一起，證明、說明「聘僱自己的好處」，「被視為必要人才」的可能性就能提高。

③資訊的解讀方法和傳送信息的方法

最後的重點是，「資訊的解讀方法」和「傳送信息的方法」。

在日常生活中，我們會看到許多電視上播放的資訊。而電視台會以預定決定好的優先順序播放那些新聞。

例如，即便那則新聞對自己並不重要，卻仍會在不知不覺間，把那則新聞視為「重要新聞」，最後才發現自己捕捉到的只不過是資訊的表面而已。對於單純接收的資訊，自己的思考並沒有介入其中。

資訊的優先順序本來就取決於自己。主動接收資訊，比較能對其資訊持有個人意見並加以思考，就能做出更多元化的判斷。重要的不是被動的接收電視或網路新聞的資訊，而是判斷該資訊對自己是否重要，同時讓自己的思想投入其中。

這個部分要靠平日的積累養成，面試之前的「臨陣磨槍」是不管用的。所以，這個部分會呈現出面試者的「最原始部分」。

擔任面試官的時候，比起接收的「量」，我會看面試者「如何思考接收到的資訊？」、「對那則新聞有什麼樣的意見？」藉此觀察那個人的想法。在商業經營上，資訊的解讀方式是非常重要的事情，所以**資訊敏感度較高的人、擁有個人意見的人，就能獲得好評**。

另外，除了資訊的解讀方法外，傳送信息的方式也很重要。越是擁有個人意見的人，透過ＳＮＳ（臉書、推特等社群網路服務）傳送信息的傾向越是強烈。

即便是從不傳送信息的人，仍可單憑新聞評論的信息傳送，改變意識。透過ＳＮＳ的反應，就可以得知社會如何評價自己的意見，就能了解什麼樣的意見，對社會才是具有價值的。如此，就能了解自己解讀資訊的精確度以及擅長領域。

日常的ＳＮＳ和新聞的解讀方法，也可以鍛鍊對工作的資訊敏感度，同時讓自己擁有個人意見，請嘗試看看。

並不是「跟隨數越多就越好」，「資訊的解讀方法」和「傳送信息的方法」才是最重要的，所以如果對方沒開口問，就不要多嘴地說：「我的網路社群跟隨數有一千個人！」

重要關鍵的交涉

實現希望年收入的「年收入交涉術」

進行轉職時，我每次大約會參加十到十五間公司的招聘。因為轉職經歷很多，所以書面審查沒通過，也是家常便飯的事情。

可是，只要能夠進入面試階段，基本上很少會有遭到淘汰的情況，同時也幾乎都能夠實現自己所希望的年收入金額。

那麼，我是怎麼實現希望年收入的呢？因為在和轉職仲介面談，或是企業面試的時候，當我**被問到「最重要的轉職重點是什麼？」的問題時，我都會斬釘截鐵地回答：「年收入」**。

「這種答案不會給人不好的印象嗎？」或許有人會因此而感到不

安，但是，年收入終究是必要條件，如果條件傳達得不夠確實，就會使溝通產生誤會。

不管怎麼說，把自己重視的事情傳達給企業，就等於是**告訴對方自己的「交涉重點」**。

在企業煩惱著「該怎麼樣才能讓這個人進入公司？」的時候，只要事先傳達自己對年收入的重視，交涉的重點就會變成「年收入」。明確傳達自己重視的條件是「年收入」，就能開創一個利於交涉的局面。

當然，終究是必要條件，所以也要一併傳達自己同樣重視的其他重點。除了有無加班、休假日數等福利制度之外，我也會確認自己被賦予的裁決權、自己被期待的工作成果、組織結構等部分。就算為了獲得高年收入而進行交涉，如果環境無法讓自己做出滿意的成果，進入公司後也無法達到自己的期待。

如果想透過轉職來增加年收入，宣告「最後關鍵是年收入」，並沒

有問題。倒不如說，自己的重點越是明確，反而會比那些態度虛浮的人，更能夠帶給人好印象。

另外，**預先了解轉職目標的薪資制度**也很重要。預先了解薪資制度，就可以了解自己的年收入大約是在哪個層級。有些公司會基於內部的薪資制度，而有各年齡的薪資上限規定，但基本上，在薪資制度的上限之內，仍還有交涉的餘地。

請向轉職仲介打聽企業的薪資制度，然後在面試時，提出制度範圍內的希望年收入。如果提出的年收入金額超出企業的薪資制度，對方反而會放棄聘僱。

薪資制度的了解，也可以讓自己粗略掌握未來的年收入。即使盤算著「希望三十歲可以賺到年收入千萬日圓」，如果該公司的「社長年收入是九百萬日圓」的話，到頭來還是只有轉職一途。最好事先確認，該公司是不是有哪個職員的年收入是自己未來想要的金額呢？

儘管如此，一切都必須以「企業想要聘僱自己的狀態」為前提。「能夠滿足對方需求，自己的市場價值夠高」，才能夠採取這種方法，所以在自己無法滿足對方的狀態下，最好還是慎重一點。

年收入的交涉是，企業提供多少年收入購買「自己的時間和技能（勞動力）」的重要交涉場景。只要企業需要自己，就某程度來說，企業應該會滿足自己的希望才對，所以如果覺得勝算足夠，就可以稍微強勢地傳達希望年收入。

確定錄取後，我會希望「進一步討論就職時間」或者是「讓我在進公司之前，先和成員見個面」，當企業願意滿足我這類個人需求時，我就會把這種狀態當成「企業想要我的指標」，在這種情況下，我就會提出強硬的希望年收入。

另外，在其他「主軸轉移轉職」意願較低的業界，一旦獲得較高年收入的挖角機會，若有技巧地把將這個挖角機會向其他業主巧妙地提出來，讓業主們彼此競爭、比較，也能讓年收入的交涉變得更加有利。

畢竟一開始就已經告訴對方，年收入是最後的關鍵，所以這種做法一點都不奇怪。

年收入交涉的關鍵在於「自己的實績和市場價值」，所以請千萬不要忘記，透過日常工作取得成果。掌握市場所要求的能力，透過日常的工作，學習該項能力，就是強硬交涉年收入的重要關鍵。

辭職交涉可使用的三張牌

轉職時，許多人都會為「辭職的方法」大傷腦筋。雖然我至今有過四次的辭職經驗，但卻有各種不同的情節。

一大前提是，公司無法保障自己的人生。不管是什麼樣的公司，就

算沒有自己，公司仍然會持續運轉。相反的，留在那種自己離開就會倒閉的公司，反而是件十分危險的事。

會不會引起糾紛？自己的離職會不會給大家造成困擾？或許你會這麼想，但事實上，公司是否曾因為自己身邊的人離職而倒閉呢？

就算工作交接的情況再怎麼不清不楚，自己的工作總會有某人接替，公司仍然會繼續運轉下去。即便公司再怎麼無所不用其極地慰留，在你離職後的隔天，公司內部依然會一如往常。

天底下沒有只有「你」才能辦到的工作。

就我的經驗來說，在辭職交涉上會碰到的麻煩情況只有兩種，那就是「用合理理由慰留的情況」和「被離職會很困擾的情況」，兩種情況都是公司單方面的要求。

面對這兩種情況，我有三張有效應戰的牌。

首先是，熱情闡述希望到下間公司任職的牌。總之就是熱情如火地談論，讓對方產生「就算再怎麼慰留也沒用」的想法。

可是，拋出這張牌的時候，要注意的是「避免說出下問公司與原公司具有相同職務內容的部分」。這樣一來，對方就會用「既然如此，在我們公司做就好啦！」來堵住你的嘴，然後用提高年收入或是升遷等好處，攻破你的防護。總之，請熱情地談論「在這間公司沒辦法做，但自己卻想做的事情」。

第二張牌是以時間期限為目標。取得轉職目標的內定承諾後，以先斬後奏的形式，向公司提出報告。

「我預定〇月到新公司報到，所以希望能在那之前辦理交接」，以這種方式告知時間期限。因為是先斬後奏，所以公司方面即使想慰留，往往也莫可奈何。先斬後奏的方式，或許會遭人閒話，但是，和那種人的往來頂多也僅止於那間公司而已，所以不需要在意，依照正常程序，辦理業務交接就行了。

最後的一張牌是「家庭牌」。這種方法只能對一家公司生效一次。請在怎麼樣都無法辭職成功的時候再使用。

「為了照護母親，必須回去故鄉」、「妻子罹患重病，所以要搬回妻子的娘家」等，對方完全無法拒絕的家庭變故。

雖說這樣的藉口真的很不好，但是，當怎麼樣都無法取得辭職許可時，這也是迫於無奈的辦法（我的雙親跟我說過：「如果要我們為此而死，要死多少次都可以」所以我曾經使用過一次）。

不管使用哪種牌都一樣，最好還是避免以批判公司或是與主管爭執不下的形式辦理辭職。就算真的有批判的想法，還是請用真心話和場面話的方式採取行動。

「對你來說，現在轉職還太早」、「在那種狀態下轉職，不會有好的職涯發展」，或許有些同事或前輩會說這種風涼話，但那樣的人幾乎都沒有轉職經驗，所以他們講的話，聽聽就算了。

你的辭職讓大家感到依依不捨的狀態是最好的。請理智做出決策，建構自己的職涯。如果任職的公司真的有不錯的成員，對方應該會支持自己的職涯，離職之後，彼此的友好關係也會持續下去。

轉職後應有的重要觀點

前面分享了轉職相關的技巧，但是，取得錄取並不是轉職的終點。進入公司，充分發揮實力才是終點。就算以獲得高年收入為條件並得到錄取而成功轉職，如果無法在新公司發揮實力，就可能得不到好評，使隔年的年收入下降。

最重要的不是拿到較高的年收入，而是以下個職涯為目標，「持續達到成果」。

以下個職涯為目標的步驟，就從轉職後進入公司的那一天開始起跑。也就是說，從進入公司的那一天開始，就必須著手規劃用來實現結果的環境。

在成功轉職後的「人際關係建構法」

作為一名上班族，維持某種程度良好的人際關係是絕對必要的。過去，我也曾在職場上犯了與人相處的大忌。

第一次轉職，進入人力資源廣告公司時，我曾拿自己在前公司的實績大肆炫耀，並比較現職的公司和前公司的行事風格，批判現職公司的做法、疏離同事。

後來怎麼樣了呢？我因此吞下很大的苦果，應該共享的資訊只有我被略過、開會時只有我沒被通知、只有我被訂下不可能完成的極高目標……結果就是自己的行為，造就了更難做事的環境。

進入公司後，**已經在職的成員肯定會觀察「你是個什麼樣的人？」**這種時候，我們很常會焦急地希望滿足周遭的期待，不是把前任職務的實績掛在嘴邊，就是極力推薦前任職務的做法，而無視現職公司的做法，但是這樣的行為很可能讓現職的同事心生不悅。

就我個人的經驗來說，這種時候最重要的事情是了解周遭的態度，而不是推銷自己。

在工作上有疑問時，應該不分彼此地詢問周遭的同事，而不是只找上司。有不懂的事情，就該坦率地說自己不懂，虛心求教。應該積極建立良好關係，不該做出否定前任職務或現任職務的事情。

在人際關係的建構上，**找出公司內的靈魂人物**，更是特別重要的事情。靈魂人物未必是決策者，也有可能是擔任文職的資深職員，也可能是不具管理階級的資深員工。把重心放在他們身上，建構與成員之間的溝通，是非常重要的事情。

另一方面，除了現場員工之外，和社長或管理階層之間的溝通也非常重要。不要只是在面試時打過照面之後，就只能在全公司股東大會上才能見面的狀態，最好定期邀請共進晚餐，當面傳達組織內部的問題或是現場的狀態才是更好的做法。

請和組織上下的所有人建構良好關係，取得能夠聽取各方意見的地位。慢慢提高在組織內部的知名度，增加自己的跟隨者，創造出更容易取得成果的環境。

進公司三個月之後再開始發揮實力

身為上班族，進入公司之後，一定會被要求發揮實力。我會以進入公司**滿三個月後的時機為目標，在那個時候提出業務成果**。

因為經過三個月之後，大致的人際關係和工作環境都已經適應得差不多了。如果在人際關係還沒建構好的情況下，交出太過亮眼的成績，很可能會遭到妒忌。雖說本質上並沒有什麼問題，但只要是個上班族，就必須多加注意公司內部的政治生態。

「畢竟是拿到高年收入才轉職過來的，做得好是理所當然的」、「有社長當靠山，自然很容易取得成果」等，如果出現這些不實的謠言，原本應該順利建構的人際關係，就會變得很難經營。

當然，所有成員都樂見於良好成果的公司是最好的，但是，當企業規模越大，所有成員和樂地不分你我的情況越不可能發生，這也是難以避免的不爭事實。

另外，**一進公司就馬上取得成果，也可能把自己逼入絕境**。

例如，就算進入公司的第一個月做出大好成績，如果隔月沒有達到目標，往往就會被烙印上「結果也沒多了不起嘛！」或是「就只有第一次稍微有點看頭而已」等毫無意義的烙印。

可是，如果在已經有信賴關係的狀態下提高實績，就能得到「那個人或許真的很厲害」的聲援。另外，有些成果還能為自己帶來跟隨者。從把組織的績效最大化的觀點來看，這樣的做法是非常重要的。

進入公司的第一個月，充分了解內部人際關係並取得自己的地位。

第二個月了解業務的狀況，找出自己該做的事情。

第三個月把過去掌握的職場狀況，和自己認為該做的工作傳達給管理階層，靠自己的力量取得成果。

不論是從下面、或側面、或上面，敏銳地打造出能夠獲得全面支援的環境，取得成果。就我個人的經驗來說，這種方法是轉職之後，最能夠發揮績效的基礎。

轉職沒有「終點」

經歷四次的轉職後，我了解到一件事，那就是**幾乎沒有「如自己所想的公司」或「穩定的公司」等所謂的「好公司」**。

轉職之後，配屬部門可能因為公司政策而變動，或事業部本身因為經營者的個人意見而消失，又或者薪資因為年收入範圍的修訂而調降等，只要隸屬於公司，就可能發生這種自己無法抗拒的變化。

你所期望的「完美公司」是青鳥。就算轉職，也不能一味要求公司必須穩定成長，畢竟有太多不可控因素會造成影響。

常有人問我：「真正的好公司在哪裡？」**我認為「能夠自己掌控工作方式的公司」就是好公司**。透過「轉職」和「副業」提高自己的市場價值，是最好的「自我防衛」，而能夠自己掌控工作方式的環境，則是最趨近於穩定的場所。

如果為求「穩定」而進入企業，就會仰賴企業，導致市場價值無法伸展。選擇自己能掌控工作方式的公司，則可以**「利用」那間公司，提升自己的價值**，這是非常重要的。

穩定不該向企業求取，而應該取決於「自己的能力」。就那個意義來說，轉職並不是終點。只要有一點點副業的解禁或彈性制度，「自己能夠掌握工作方式的公司」就會增加。在這樣的環境裡，也要在公司外面發揮自己的價值，這就是今後上班族的生存戰略。

第四章

運用主業賺錢的「上班族副業」

只要全力以赴，一定會有成果！
但天底下絕對沒有「輕鬆賺錢」的方法，
做或不做，一念之間，你的生涯年收入就會有巨大的改變。

最近，瑞穗銀行、ＳＯＮＹ、伊藤忠商事等，日本國內大型企業所推行的「副業解禁」，引起熱烈討論。在日本年號從「平成」換成「令和」的時刻，企業認同副業、兼職的活動逐漸趨於活躍。

政府也把副業、兼職的推廣，視為「勞動改革」的一環。最主要的目標，就是促進經濟的活絡。目的就是「藉由副業或兼職，使自己不只侷限於所屬的公司，以全新的想法創造事業，使日本整體的經濟更加活絡」。

每個人對這段話的看法或許各不相同，但不管怎麼說，至少**「個人也能賺錢的環境」已經開始趨於完善**。「希望利用多餘時間增加一些收入」、「希望靠自己的興趣或喜歡的事物賺取金錢」，有這種想法的人，應該很多吧？

第四章就根據我個人的實際體驗，跟大家分享培養「個人賺錢能力」的「上班族副業」。

將本業內化成副業

關於我的副業，過去《東洋經濟 ONLINE》、《新 R25》等許多媒體都曾經提及，而「副業年收入四千萬」這個關鍵字也曾登上 Twitter 的「日本趨勢」。

多虧如此，我才會在二〇一九年二月，被日本最大規模的加盟服務供應商「Value Commerce」表揚為年度ＭＶＰ，同時，我的 Twitter 現在仍以「日本首屆一指的部落格媒體」這樣的地位持續成長。

我把 Twitter 當成副業的主戰場。

我的副業是靠**「上班族辛勞所得」和「個人轉職經驗」的媒體內容**來獲得副業收入。或許大家看到的想法是：「準時下班回家，然後靠副業努力賺錢吧！」但其實我的目標是：「在主業上努力，靠努力得來的知識賺錢」。

從正式運用 Twitter 開始，我利用過去在職涯中所獲得的轉職知識、業務知識和年收入等，可以讓許多人產生共鳴的推文，在約兩年的時間，得到六萬人以上的跟隨數。我利用 Twitter 的力量，把自己的知識轉化成媒體內容並加以轉發，為自己帶來收入。

例如，我使用的「note」服務——「note」是可以像部落格那樣自行撰寫文章，然後以自訂價格出售文章的服務。

我利用這項服務撰寫文章，內容就是本書也曾介紹過的，在創投企業時代培育的**「新客戶獲得術」**，以及從自己的轉職經驗獲得的**「提高年收入的轉職方法」**，然後再透過 Twitter 進行轉推，量多的時候，一個月約可獲得兩百萬日圓的收入。

另外，以個人轉職經驗為重點的部落格「轉職天線」，也是我主要的收入來源之一。

Twitter 的推文只能寫一百四十個字，部落格則可以塞滿大量的資訊。因此，我會在那裡介紹自己在轉職活動期間，實際受用的轉職網站和轉職仲介，也會在那裡介紹本書同樣也有記述的面試技巧等內容。

在推廣個人品牌的同時，發表這些文章，就能**建立起名為「熟知轉職的人＝moto」的品牌，同時提高資訊的可信度**。多虧如此，這個部落格不僅具有SEO[16]的效果，更在聯盟行銷[17]上創造出每月數千萬日圓的營業額。

另外，語音媒體「Voicy」也經由Twitter送來邀請，請我擔任主持人，收取廣告費。此外，專欄寫作、出版企劃的邀約，也都是經由Twitter與我取得聯繫，我的收入管道就這麼與日俱增。

我絕對沒有特別去學些什麼，也沒有把大量的時間投注在副業上。

16　搜尋引擎最佳化：search engine optimization，簡稱SEO，是透過了解搜尋引擎的運作規則來調整網站，以及提高目的網站在有關搜尋引擎內排名的方式。

17　聯盟行銷：Affiliate Marketing，又稱為夥伴計畫（Affiliate Program），指公司或廠商與推廣者建立夥伴關係，藉由推廣者曝光或行銷，而該公司會再分潤回饋給推廣者的一種行銷方式。

我只不過是透過 Twitter，**分享自己在本業成果上的「上班族經驗」，把那些內容當成「資產」**罷了。

二〇一八年四月，我把自己的副業法人化，現在，我的董事薪酬是年收入四千萬日圓，這就是我的副業收入。

主業副業相互加乘

前面也已經說過，我利用「把本業獲得的知識運用於副業」的形式來獲取收入。也就是說，我利用本業成果乘以副業的方式來增加年收入，同時採取提升個人賺錢能力和個人品牌的戰略。

常有人問我「從事副業的好處是什麼？」，我認為有三大好處。第一是「個人品牌化」，第二是「增加收入管道」，第三則是「提升在本業上的市場價值」。

①推銷自己的「個人品牌化」

上班族在公司裡取得的績效，正因為其背後有公司的招牌或組織，所以一切的結果或成就，未必全都歸功於自己的實力。

可是，**副業則是完全仰賴「自己」**。而且，因為沒有像上班族那樣背後具有企業的招牌或頭銜，所以必須從「你是誰？你會做什麼？」的狀態開始起步。在副業裡，必須進行個人品牌化，讓人認同自己是個「會做〇〇的人」。

只要能透過副業，把自己品牌化，那個品牌便會成為你用來謀生，且完全不仰賴公司招牌的「資產」。

例如，以我個人的情況來說，「轉職＝ｍｏｔｏ」、「副業＝ｍｏｔｏ」就是我的品牌。聽到特定關鍵字便會率先聯想的人，便是在該領域受到信賴的證據。

我的 Twitter 的跟隨人數已經超過六萬人，平日的個人推文可以得到一千個以上的「喜歡！」；這代表「它」已經逐漸成為即便不屬於任何公司，也能闖出一番事業的「品牌」。

透過副業發表個人資訊，即便沒有公司的招牌，仍然可以**建立起「會做〇〇的人」這樣的品牌，自然就能增強自信心**。

不是「〇〇公司的〇〇」，而是「從事〇〇的〇〇」，預先建立起除了公司名以外，還能夠拿出來介紹的「個人品牌」，在今後的上班族職涯上，應該也能帶來極大的益處。

② 增加收入管道，確保經濟基礎

現今是個就算身處於被稱為「安定」的大型企業，仍可能會遭到淘汰的嚴峻時代。

最近，即便是牽動日本經濟成長的大企業，仍可能進行大規模的裁撤、重組，這是不爭的事實。不論對公司有多大的貢獻，任何人都可能成為裁撤、重組的候補對象。

在收入管道只有公司薪資的狀況下，無論自己願不願意，都可能面臨突然沒有收入的風險。只要事先透過副業，把收入來源加以分散，**就算公司倒閉，也不用擔心「明天可能丟了飯碗」的問題，就是一種風險對沖的概念**。

另外，副業不光只是收入上的風險對沖，同時也有助於生涯年收入的增加，能有效地幫助自己早日實現夢想中的願景。

剛開始時賺到的金額或許不多，但只要巧妙地讓本業的成果回流，就能逐漸增加收益。

我現在的副業收入確實比本業收入高出許多，但是，我當初並沒有馬上靠副業賺到錢。而是透過ＳＮＳ上的資訊發布，和自己在本業上的持續努力，才慢慢讓副業收入逐漸增加。

可是，這種長時間累積而成的資產，也可稱之為「賺錢能力」，只要有這種能力，就算在本業上收到開除通知，仍然可以確保自己具有足以養活個人的收入。預先讓收入管道分散成多個管道，不僅可以把經濟上的安定當成個人防衛，同時也能帶來精神上的安定。

③有助於本業的「市場價值提升」

我認為從事副業的最大好處就是「有助於個人的市場價值提升」。

「有了副業的收入，在本業上就能做出更大的挑戰」，副業的效果就是能為自己帶來這樣的思維模式。

如果收入管道只有本業，往往只能一邊看著公司的臉色做事。在意上司的評價，一下要兢兢業業地避免工作上出差錯，一下又必須察言觀色，配合周遭的狀況行動，於是自己總是必須在工作的同時，一邊思考著其他的事情。

可是，有了「副業的收入」，就能有進一步挑戰的選擇。至少對我來說就是如此。

有句話說，「錢的數量等同於內心的寬裕」，內心一旦因為金錢變得寬裕，就容易做出大膽的決定。就像高風險高回報（High Risk High Return）這句話一樣，大膽的選擇，能在成功時，帶來較大的回報。

大膽做出具挑戰性的選擇，並且獲得出色的成績，就能提高自己的市場價值。有了副業收入之後，就**比較能夠輕鬆看待具有挑戰性的工作，「如果失敗的話，頂多就是辭職而已」，因為你已經有了副業收入這樣的後盾**。就算明天遭到開除，還是有轉職的目標可去，而且也有副業收入。這樣的狀態正是提高市場價值的要素。

另外，有些副業的內容，能夠透過副業獲得知識或是人脈，這些也能直接對本業或自己的職涯帶來正面的影響。

其實，因為透過副業進行資訊發布的關係，我收到了許多企業的轉職邀請，同時，透過媒體採訪所建立的人脈，也和本業的工作有所關聯，因而受益良多。

把本業所獲得的經驗運用於副業，然後再把副業所獲得的知識，進一步運用在本業。**藉由這樣的相互作用，就可以提高「個人的市場價值」**，這正是上班族從事副業的最大好處。

運用個人品牌打造「上班族副業」的可能

「有人潮，就有商機」，就如這句話所說的，只要把人聚集到自己身邊，就可以試著打造個人品牌，靠個人賺取金錢。

我是如何透過 Twitter 號召跟隨者，然後發布自己累積的本業知識，接下來就具體地向各位說明推動的方法和做法。

① 不做耗費時間的「密集勞動型」

首先，有一個大前提，上班族的副業絕對不能採用密集勞動型。

我認為**「上班族可以從事的副業」有四種模式**。第一種是「文章發表」，第二種是「轉賣」，第三種是「活動」，第四種是「投資」。每一種都可以隨時來展開行動。

上班族的副業，最重要的是「風險少」和「負擔小」。副業如果背負太大的風險，或是負擔過於沉重，就會妨礙到本業，這樣就本末倒置了。盡可能減少個人的開銷，同時又能輕鬆上手的副業是最好的。

在這四種模式當中，風險最少、負擔最小，同時又能和 Twitter 的個人品牌化相互契合的，就是部落格等媒體的**「文章發表」**。

第一章也曾提到過，我在國高中生時期從事過轉賣的生意。轉賣要花費許多時間調查市場行情、結標、包裝、寄送。因此，對上班族來說，這種副業的賺錢效率並不好。雖然可以把工作承包出去，但這樣一來，就必須有初期投資。

上班族的副業有時間和金錢方面的限制。因此，必須建立一套**就算自己不動手做，仍然可以賺滿荷包的機制**。

如果從事密集勞動型的副業工作，同時又耗費大量時間的話，就無法賺到大量金錢。就算自己不動手，仍然可以「荷包滿滿」的副業，才是最理想的選擇。

基於這點來說，部落格等文章發表，就可以達到最有效率的運用。

另外，如果可以實現 Twitter 的品牌化，就能更輕鬆地增加部落格的

■適合上班族的四種副業

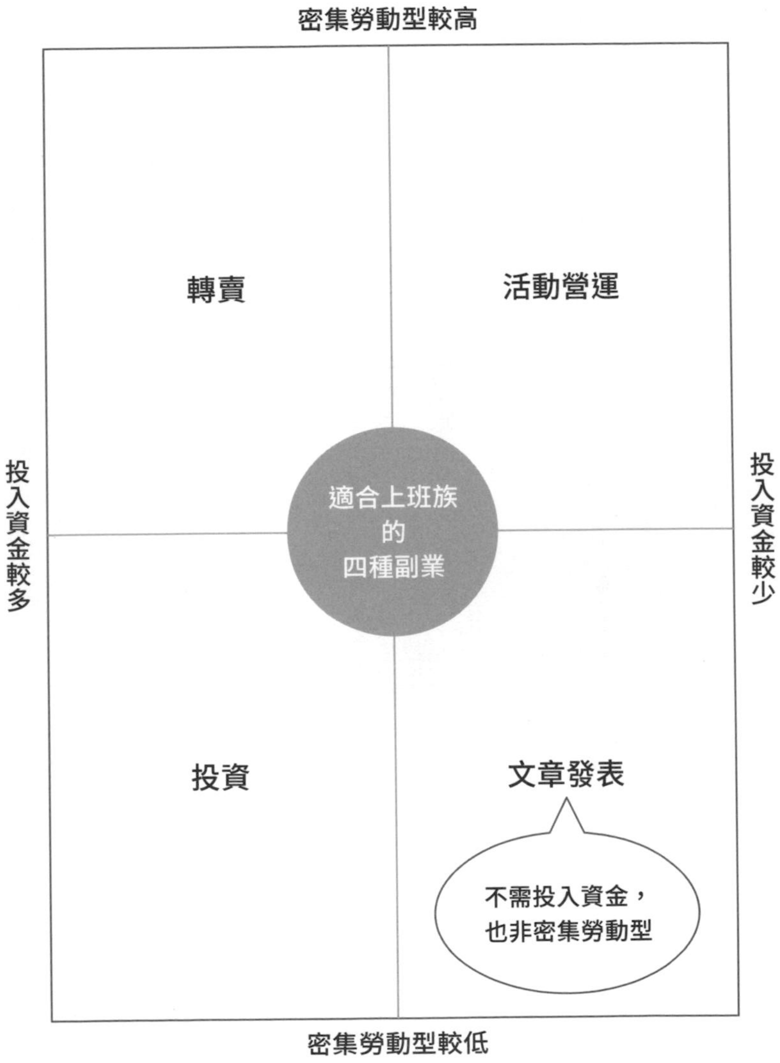
密集勞動型較高
轉賣
活動營運
投入資金較多
適合上班族
的
四種副業
投入資金較少
投資
文章發表
不需投入資金，
也非密集勞動型
密集勞動型較低

瀏覽量，不需要花費太多時間和勞力的這一點，也是十分推薦的。

② 把本業和過往經驗換成金錢

就我個人的經驗來説，上班族如果要靠部落格或發表文章賺錢，選擇「在本業上自己辛苦得來的知識」是最佳的捷徑。

副業和本業不同，沒有企業招牌作為後盾，所以唯一的資本只有「自己」。在只有自己的狀態下，能夠利用的只有「自己擁有的知識」、「自己經驗所得的知識」，以及「自己的時間和金錢」。

可是，上班族通常沒有太多「自己的時間和金錢」。

稍微換個説法，**人會把金錢花在「對自己有益的資訊」**。分析「就算花錢也想知道的有益資訊」，了解「和自己有著相同煩惱的人，是如何解決那些煩惱，結果又是怎麼發展？」這種「和自己相同境遇的人的經驗談」多半會讓人感到十分具有價值。

這種原創性極高的資訊，只有個人能夠發表，所以不會有與企業競爭的問題。正因為是專屬於自己的資訊，所以能讓用戶感受到價值性，願意掏腰包付錢。

從這個觀點來說，上班族確實在本業上有許多的辛勞，同時擁有許多知識。然後，世界上也確實有許多為相同的辛勞所苦，而遍尋解決對策的上班族。因此，**上班族的經驗裡面，潛藏著許多的需求和供給**。

其實，我在以新進員工開始進行全新電訪的時期，透過 note 發表自己從經驗得到的「新面談獲得術」，正式發布才經過十二小時，就有了將近一百萬日圓的營業額。因為我把自己辛勞所得的經驗，毫無遺漏地化成文字，這樣的內容讓人感受到價值。

那個時候，我已經是 Twitter 上被廣泛認同的「業務專長人物」，這也是促使自己在短時間內創下大量營業額的原因之一。

我個人認為，把自己當成資本的副業，把「本業所得的知識、實際經驗所得的知識」化成文字，就是最容易的賺錢之道。

③ 分享的主題就看「職缺資訊」

雖說發表文章，但若想要賺錢，該發表「什麼」才好呢？靈感就在於**「瑞可利的事業推廣領域」**。

瑞可利推廣的 Zexy（戀愛與婚姻）、Rikunabi（就業與轉職）、SUUMO（租賃與住宅購入）、Car Sensor（車）等領域，都是人生當中的重大決策，因此，收集資訊的人也有許多。然後，瑞可利靠各領域的媒合來賺取金錢，而這些解決方案的時價總額超過六兆日圓。很顯然的，這是個具有龐大商機的領域。

而且，這個領域可說是**「好了傷疤，忘了疼」**，**資訊過於稀少的領**

域，大家往往缺乏做完這些決策後，記錄其中艱辛過程的習慣。

就業、轉職、購屋、結婚的時候，大家總會有各種不同的考量，但是，傷疤一旦好了，一旦自己完成就業或是轉職，一切也就結束了。頂多之後會稍微回想一下「求職活動的辛苦過程」，卻不會以有利於他人的形式，公開發表那些辛苦。

就算有什麼發表，頂多也只是透過ＳＮＳ報告，「工作有著落了」、「轉職成功了」，基本上並不會和眾人共享過往的煩惱經驗，或是在這過程中所獲得的知識。

可是，有著相同辛勞，積極找尋相關資訊的人卻有很多。

另外，在瑞可利推廣的領域裡，有許多人都在找尋他人的經驗談或是事例，所以自己的體驗很可能具有價值。其實在我知道的範圍中，從副業裡賺到大錢的人，大多都是在與瑞可利相同的領域裡展開副業。也就是說，這個領域還有很多機會。

④ 自己決定賺錢的「銷售目標」

若要靠副業賺錢，就必須制訂「想賺的金額＝營業額目標」。就像每間公司都有營業額目標那樣，副業也要設定目標。

畢竟副業是「副」的工作，所以往往會有「因為沒時間，所以做不了」或是「等到回過神，那份工作早已拋到九霄雲外」的情況。可是，如果沒有制訂目標，就沒辦法賺到錢。

另外，**目標金額的確定，也能找出適合的副業**。

舉個極端一點的例子，假設營業額目標設定為一個月一千萬日圓。「自己擅長的是不動產的領域，所以就利用 note 販賣這些知識吧！」如果一則文章售價五百日圓，就必須有兩萬人購買，才能達成目標。

一個月達到兩萬人的購買，幾乎是不可能的。既然如此，不如改變計畫，進行不動產投資，反而比較容易達成營業額目標，這樣比利用

note 賺錢來得實際多了。

這個舉例或許極端了點，但是，「適合的副業，會因為想賺的金額而需要調整」，所以請選擇能夠實現個人目標的合理方式並實踐。

就這個情況來說，如果把時間一起納入考量，採取「三年後靠 note 年賺一千萬日圓」這樣的設定，在透過ＳＮＳ進行個人品牌化等做法之下，那個目標就不會只是個妄想。

如果今後打算從事副業，首先，就要先搞清楚個人的經驗和知識屬於哪個領域？然後，再確定**自己希望賺到多少錢**。總之，就先從這裡開始思考並規劃吧！

⑤為什麼「轉職天線」會成功？

實際介紹我的副業，也就是部落格的事例。

我有過四次的轉職經驗，同時也曾在日本人力資源業界最大規模的企業「瑞可利」任職。因為在瑞可利從事就業活動的相關工作，所以不光是就業活動，同時也有人力資源領域的相關知識。

另外，由於我在工作期間，對徵才廣告產生了興趣，所以就在私底下透過 Twitter 等媒體，發表就業活動與轉職相關的知識，並且觀察網友們的反應。**從網友對推文的反應，我發現大家對「如何運用自己過去累積的知識」有極大的需求**。

基於這個理由，我便決定在與本業相同的人力資源市場，充分活用自己的轉職經驗，以及在瑞可利得到的知識，而建立了「提供求職與轉職之有利資訊的部落格」。

針對轉職領域詳細調查後發現，由於聯盟行銷的報酬很高，所以許多聯盟會員都有相關資訊的提供。可是，他們所提供的內容有些並非親身體驗，也有很多轉職知識都太過粗淺，至少對於認真從事轉職活動的我來說，幾乎都是些派不上用場的資訊。

換句話說，只要能為市場提供真正有用的資訊，我的部落格內容就會變得更有價值。

轉職是個人數逐年增加，而且利潤十分不錯的市場。在轉職逐漸普及之後，調查相關資訊的用戶也會持續增加。

儘管如此，提高年收入的轉職方法、真正有用的轉職網站等資訊仍然少得可憐，我自己本身也曾有過在轉職活動上感到困擾的經驗。而且，也曾經在Twitter上面聽到同樣的心聲，所以我認為**「有困擾的人存在＝有分享的價值」**。

於是，我便建立了「轉職天線」，根據自己過去使用轉職網站和轉職仲介的經驗，加以彙整各自的優缺點，同時也分享自己在瑞可利獲得的專業知識。歷經了兩年的時間，現在「轉職天線」已經成了年收入四千萬日圓的部落格。

常有人說，「單靠十九篇文章，就能年收入四千萬日圓。部落格未免太好賺了吧！」可是，這個部落格收錄的文章，全是我二十歲至今歷時十幾年的經驗，和四次轉職活動所獲得的知識精華。

重要的不是文章的數量，而是我毫不吝嗇地分享自己的經驗，進而**衍生出的「有利於他人的內容」**。

「靠部落格獲得年收入四千萬日圓」這個標題確實很誘人，也很容易成為引人注目的焦點，但其實這個金額是我在大賣場工作的同時，幾乎天天瀏覽轉職網站，一邊思考增加年收入的方法，並為了做好準備而時刻不敢懈怠的結果。

我非常贊同推動副業的這股風潮，但是「輕鬆賺錢」這個措辭卻是不對的。只要全力以赴，一定會有成果，但天底下絕對沒有輕鬆賺錢的方法。唯有努力，才能讓自己付出的心血化成金錢。能夠靠副業賺到大筆金錢的人，大多都有個共同點，那就是不論對本業或副業，同樣都不會懈怠，勢必都會認真耕耘。總之就是要對成果有所堅持，持續發表有利於他人的資訊。

善用自己的本業、過去的經驗和知識，**在金錢交易的市場，解決人們的各種困擾**。這就是「轉職天線」的基礎。

⑥本業和副業的「時間運用法」

平日，我有本業的工作要做，也有副業要處理。工作時間的比例差不多是本業七成、副業三成。在我任職的公司裡，包含社長在內，以副業形式持有個人公司的社員，大約佔了三成左右。其中也有「在擴展副業的情況下，從事本業的人」，無論好壞，大家對本業的公司幾乎沒有什麼歸屬感。

由於公司吹起一股「賺錢就是正義」的風潮，所以即便是屬於自身副業的客戶拜訪，大家仍會把它放進平日的行程裡。就算在上班期間同時處理副業的工作，仍然不會遭到任何指責，這個部分應該和其他公司的風氣大不相同。

我非常喜歡現在這間公司的觀念。只要副業的成果能夠提升，那樣的經驗就能提高自己的市場價值，以結果來說，提升的個人市場價值就能回饋給本業的公司，進一步帶來更高的績效……完全符合**「本業成果乘以副業」的概念**。

可是，在工作上可以更加隨心所欲的同時，本業上所要求的成果卻是比想像得更高。如果在副業上面花費太多心力，導致無法達成本業的目標，就會被毫不留情地懲處，而且，在公司內共享副業資訊的同時，如果達不到身為一名員工的績效，周遭就可能語帶暗示地建議請辭，「反正你有副業，要不要重新思考一下職涯？」

因此，本業和副業的平衡是非常重要的。公司給予的自由終究是以員工的績效為前提，所以為了提高自己的市場價值，還是應該追求本業上的成果。

與其他公司相比，我任職公司的特徵是能夠公開從事副業的環境，但是，無論是本業或副業，平日可分配的時間仍然相當有限。因此，還是要在時間的效率化多費點心思。

首先是本業上的時間效率化，在這裡可以留意的是，可以花錢買的時間，我就會花錢購買。

例如，「不需要親力親為」的工作，全部都採取外包。同樣的，我也會讓一起共事的成員參與評估、判斷，建立起採取外包的文化。

不光是時間，讓組織能夠意識到**提高「個人時薪」的工作方法**，也是我的目標之一。

除此之外，我也會盡可能地爭取時間，例如，「不在員工會議上停留太久，浪費多餘的時間」、「不需要前往拜訪的客戶，用電話聯繫就好，減少交通時間」。

另外，我會有效利用交通時間。在搭乘計程車的時候，在車內編寫文章，或是如果成天都在外面跑業務的話，我就不會進公司，把為了個人公司而租用的辦公室當成據點，採取行動，有效地運用有限的時間。

雖然上班族沒有「時薪」，但工作效率卻會影響自己的「時薪」。因為時間有限，所以要如何創造時間呢？必須以這個觀點，鼓勵自己更有效率地工作才行。

接下來是副業上的時間效率化，在副業上，我最重視的是**「所耗時間的營業額」**。

例如，花費三小時寫下的note，如果營業額是一百日圓的話，時薪大約是三十三日圓左右。若是這樣的結果，倒不如去便利商店打工，反而還更划算。

若要避免這樣的情況，就只能「在短時間內，寫出品質更好的文章」。品質更好的文章會在ＳＮＳ等媒體造成話題，文章本身可以吸引到人氣，就能在副業上達到最大的效率化。

與其持續發表一些價值低廉的內容，倒不如全心全意地慎重面對，每次絞盡腦汁地寫出最優質的內容，更能成為自己的資產。

有人說數量創造出質量，但若是副業的情況，「一篇內容可以賺到多少錢」就相當於是自己的時薪，所以最重要的是，盡量不花費時間，以「內容可為自己帶來用戶和財富的狀態」為目標。

為了在短時間內寫出優質的內容，我會徹底實施「事前調查」。

例如，和成員一起去吃午餐時。我會詢問他們的意見，「如果 note 有這樣的文章，你願意花多少錢購買？」或是「如果在 voicy 談論這種話題，你會希望聽到哪些內容？」根據對身邊親友展開調查的結果，寫出符合需求的文章。寫完部落格或 note 之後，我也會把內容傳給幾個好朋友，請他們回饋讀後心得，等到文章呈現「所有人都能理解的狀態」

後，再正式發布。

這個步驟一定要有同事或朋友的幫忙。我會用 note 的營業額請朋友喝酒，或是分享未曾在 note 或 Twitter 上面寫過的個人經驗，當成請他們幫忙的謝禮。

「只要自己有錢賺就好」如果抱持著這樣的想法，就會讓人對自己產生「那個人把副業看得比工作還重」的看法，明明並不是什麼壞事，卻可能對本業造成負面的影響。

「只要自己好就好」，這種自私的工作方式只會把自己的格局越做越小，包含周遭的協助在內，無論是本業或副業都一樣，所以請確實重視平衡並掌握好分寸。

另外，不惜犧牲睡眠時間也要寫部落格，這種過份努力的賺錢法也是本末倒置，所以請千萬不要太過逞強。

怎麼樣都擠不出時間的人，只要避免製造那些「潛意識的時間」就行了。回家後，下意識地打開電視，腦袋放空，一邊喝啤酒，一邊散漫地看著電視，這種「潛意識的時間」，就先試著刪除掉吧！

「時間就是金錢」，就像這句話所說的，只要抱持著時間就是金錢的觀念，一邊採取行動，你的日常生活就會慢慢改變。

透過 Twitter 開始經營個人品牌

就我個人的經驗來說，若要把靠副業獲得的收入和本業的市場價值最大化，「個人的品牌化」是非常重要的一環。尤其在副業方面，因為沒有「企業招牌」當作個人強而有的後盾，所以就必須讓人知道自己是「何方神聖」。

為此，我個人推薦的工具是 Twitter。

我把 Twitter 當成推廣副業的主戰場。在 Twitter 的使用上，我的目標就是「個人的品牌化」，**就像「轉職＝ｍｏｔｏ」、「副業＝ｍｏｔｏ」這樣，成為網友看到特定關鍵字時，就會第一個聯想到的人**。

為了成為第一個被聯想到的人，我的目標就是讓網友「認同」我是自己擅長領域的「專家」。如果是藝人或是名人的話，註冊之後，只要發篇「開始使用 Twitter」之類的推文，就可以號召到許多跟隨者，可是，大部分的上班族都默默無名，所以當自己報上姓名之後，增加的跟隨者頂多只有朋友或是認識的人。

毫無意外地，我自己也是這樣，當開始使用 Twitter 時，我的跟隨者是零。而且，因為我是用暱稱來管理帳號，所以現實生活上的連結也是零。我就在沒人認識「ｍｏｔｏ」的情況下，開始經營 Twitter。

就算如此，我還是選擇了 Twitter，原因是 Twitter 可以靠「說了什麼」來吸引目光。現實生活中，大家所重視的是「誰」說了什麼，而 Twitter

上的內容，只要能引起共鳴或是討論，就會被進一步地散播出去。

儘管如此，聲名遠播的知名業務專家貼出的銷售術，和匿名且沒有半個跟隨者的人所貼出的銷售術，即便內容完全相同，所產生的**「資訊可信度」**仍然不同。

也就是說，在 Twitter 上面**「說了什麼」的同時，「成為什麼人」也是很重要的影響因素**。

對於「成為什麼人」來說，我認為「以為了某人的形式，持續貼出比任何人都詳細的領域資訊」，是非常重要的事情。

Twitter 上面有很多在自己的擅長領域進行個人品牌化的匿名帳號。只要分享「戀愛學分」、「市場行銷」、「企業家」、「部落格」等個人擅長領域的資訊，取得「○○領域就要找○○」這樣的個人認同，就能透過部落格、note 或電子報等媒體，增加「支持自己的人」。

若希望被其他人認同「自己是什麼人」，就必須持續發表對某人有助益的資訊。最近，以「增加 Twitter 跟隨數」為目標的人也有增加的趨勢，但是，跟隨數並不是重點，**最重要的是增加「支持自己的人」**。

① 透過共鳴性較高的內容吸引跟隨

最近，有個以「先以一千名跟隨者為目標」作為ＳＮＳ戰略的風潮。當然，「千人」這個數字目標是很不錯，但是「是什麼樣的一千人呢？」這一點才是最重要的。

如果跟隨自己的一千人，只是為了批判自己的意見，那就沒有意義了。若想成功營造個人品牌，號召一千名對自己的意見深感興趣或有所共鳴的人，才是最基本的原則。

以第一步來說，經營出讓人「有所共鳴的 Twitter」才是最值得推薦的。只要是能讓人產生共鳴的 Twitter，抱持相同想法的人就會把推文傳播出去，進而幫助自己達到宣傳的效果。

我的跟隨者還是零的時候，對於自己擅長的轉職、副業和年收入相關的新聞，我不單單只是發表自己的意見，而是一邊參考「在相同新聞中獲得『喜歡』，同時想法與自己相同的推文」，一邊發表自己的意見。

推文發表的意見，只要和已經有許多人產生共鳴的想法相同，那篇推文必然也會成為共鳴性極高的推文。這樣的推文能讓人產生「我也這麼認為」、「他替我說出了我想說的話」的感覺，自然就能增加「喜歡」或是轉推的數量。

可是，在初期的階段中，如果只是單純的推文，自然不會有人願意看。因此，**我會在發表相同意見的人的推文下，使用「引用轉推」的形式，採取評論發表推文的方法**。於是，被引用轉推的人，就可能進一步轉推自己的推文。

只要自己的意見能得到更多人的共鳴，推文自然就會被散播出去，並傳送到擁有更多跟隨者的人那裡。他們的資訊敏感度很高，經營 Twitter 的時間也長，所以必定會注意到造成話題的推文。

只要他們有所共鳴，願意幫忙分享，推文的焦點就會逐漸轉移到「這是誰發的推文？」

簡報等文件也是如此，「初次見面，我是ｍｏｔｏ」比起這種直接報上大名的方式，「我是負責〇〇企劃的ｍｏｔｏ」這樣的表達方式，反而比較能夠把「自己是做什麼的人」傳達給對方。

最重要的是，透過「共鳴度較高的個人意見」吸引跟隨者，而不是靠「自己的名字」帶來跟隨者。只要持續這樣的推文，「對自己的意見深感興趣的人」就會逐漸增加。

在號召「最初的千名跟隨者」這件事上，最重要的是發表「引起高度共鳴的個人意見」，「站在推文的後面」，讓眾人好奇「和自己持有相同意見的這個人到底是誰？」

和某人持不同意見，或許也能引人矚目，但如果要號召支持自己的人，這種方法才是最好的。

②重視與自己產生共鳴的跟隨者

增加跟隨者的方法有兩種。就是先前介紹的**「靠共鳴感圈粉的方法」，和「作秀吸引人氣的方法」**。

在擁有許多跟隨者的人當中，有些人是藉由公開辯論的方式來吸引目光。刻意拋出偏執的意見或是偶爾挑撥、煽動，藉此來吸引人氣。

可是，透過那種推文聚集而來的跟隨者，並不是「支持自己的人」，往往都是些覺得有趣，跑來看熱鬧的人。就像在火災現場圍觀的好事群眾那樣。

如果跟隨者全是些看熱鬧的人，他們對推文的共鳴，也就是參與度（轉推或是「喜歡」數）就會大幅下降。

即便擁有數十萬名跟隨者，對於每篇推文的反應卻出乎意料地少。在這種只有「外表」好看的狀態下，沒有人會對自己的推文產生興趣。

很多人都認為「跟隨數＝影響力」，但重要的不是跟隨數，而是**「對自己感興趣的跟隨者」**。

我從開始經營 Twitter 的初期，便一直致力於「靠共鳴感圈粉」。我會在自己擅長的領域裡，發表能夠引起高度共鳴的意見，有時也會提供有利資訊，藉此傳達自己的想法。

結果，對我的意見抱持同感的跟隨者增加了許多，參與度也比擁有數十萬名跟隨者的帳號更加踴躍。

其實，就跟現實生活中的人際關係一樣。就算批評他人、自吹自擂可以引起注意，仍然無法增加支持自己的朋友。另外，一個人如果不珍惜那些支持自己的人，人們也不會願意繼續跟隨。

珍惜每一個支持自己的人，才是增加跟隨者，最重要的態度。

③SNS就跟「計步器的步數」相同

Twitter可以看到許多擁有眾多跟隨者，令眾人產生共鳴，而倍受矚目的帳號。「希望哪天自己也能擁有這樣的影響力」，應該不少人的心裡都這麼想吧？

我了解大家希望快點增加跟隨者、希望受人矚目的心情，但是，就算焦急也不會有任何改變。如果為了引人矚目而發表奇怪的推文，反而可能給自己帶來負面的印象。

Twitter的跟隨數就跟**「計步器的步數」**相同。一點一滴的辛勤耕耘，就好比一步一步的步數。每天走一點點，腳踏實地累積步數，才是真正的捷徑。雖然在極少數的情況下，跟隨數確實有可能在瞬間攀升，突然變成「那麼一號人物」，但那種情況大多只是暫時性，在被「消費」之後，就會無疾而終。

另外，在自己的精神無法負荷的狀態下，跟隨者的急遽增加，也是件危險的事情。因為被那麼多人關心，不僅意味著你將會得到贊同的意見，同時也代表你將會收到許多對自己的無情批判。

跟隨數達到一百人的時候，收到的評論數會有極大的改變，因此，自己是否能夠承受，也就變得更加重要。在每天一步一步往前走的過程中，一邊接納各種意見，一邊成長，對於在 Twitter 上成為「某人」來說，是非常重要的。

尤其，渴望獲得認同的推文（炫耀文）會引起許多人的嫉妒，所以一定也會出現批判。老實說還挺不好意思的，其實我自己也曾有過一次這樣的經驗。

在開始經營現在的「轉職天線」之前，我曾經使用其他的部落格服務，在一個月內賺進兩千萬日圓左右。當時，我把那個金額發表出去，結果，引來了許多「騙人」、「說謊」之類的負面評論，對於當時十分渴望獲得認同的我來說，那些意見令我十分在意。

於是，為了反駁，我就把證明收入的照片貼到 Twitter 上面，結果，隨之而來的是更嚴重的反感。隔週，部落格服務的公司似乎收到了多封檢舉信件，於是「以營利為目的」的做法被視為違反規定，而導致當時的部落格遭到關閉。

有了這次的經驗之後，我便開始**以獲取社會認同的狀態為目標，而不再是自我行銷**。急於增加跟隨數，或是為了滿足個人認同渴望的推文，這些行為並不會對任何人有幫助。

就像計步器的步數那樣，只要專注於每天的每一步，收入就會隨著累積的步數增加。就跟現實生活一樣，所以擁有**「唯有施予者才會成**

功」這「Give and take」的**心態**，是非常重要的。

④也要關注跟隨者的跟隨數

在 Twitter 帳號的經營上，我完全不會在意自己的跟隨數。相較之下，我比較**重視「跟隨者的跟隨數」**。已經擁有 Twitter 帳號的人，請查看一下帳號中「經常轉推自己的意見的人」。然後，請看看那個人的跟隨數。那才是真正的「自己的跟隨數」。

舉例來說，假設自己的跟隨者只有一個人。可是，如果這個「跟隨自己的人」的帳號有十萬個跟隨數，那會是如何呢？只要這個跟隨者轉推自己的推文，就會有十萬個人看到那一則推文。

相反的，即便你有再多跟隨者，如果那些跟隨者沒有跟隨數的話，你自己的跟隨數也無法有更大範圍的擴散。因此，不要只單看眼前的跟隨數，而是要看對自己的推文有所反應的人的跟隨數，那才是關鍵。

只要**充分運用跟隨者的跟隨數，甚至連跟隨者的屬性都考量在內**，自己的辨識度就會不斷地擴大。只要一邊描繪這樣的戰略，一邊加以運用，就能創造出「自己的品牌」。

透過SNS把自己品牌化的時候，這種想法是非常重要的，所以請務必審慎的參考。

無法靠副業賺錢的人的特徵

只要公司沒有禁止，任何人都可以從事副業（其實也有很多人是瞞著公司偷偷地做）。可是，雖然副業的解禁令人欣喜，但是，從事副業和賺不賺錢，卻又是另一回事。我認為不適合副業的人是，「希望輕鬆賺錢」，或是「還沒開始做，就先擔心起來放」的人。

在轉職諮詢時，也會有類似的情況，在應徵求職之前，就先幻想「如果被集團錄取，該怎麼辦」，或是「如果對方同意自己的希望年收入，那該怎麼辦」這種會滿足於妄想的人，不適合從事副業。

上班族也一樣，只要有金錢的發生，不論是何種型態，那就是種「商業」。也就是說，天底下不可能有輕鬆賺錢這回事。就結果來說，確實有輕鬆賺錢的人，但是，那樣的人在輕鬆賺錢之前，其實早已付出了相當大的努力。

如果以「希望輕鬆賺錢」為動機而開始從事副業，肯定會以賺不到錢的局面收場。

我認為那些能夠把副業視同為本業，**為副業制定成果或目標，並且持續堅持到底的人**，比較適合從事副業。當然，如果單靠部落格就能夠賺錢，自然是再好不過，但是，「為什麼那些人能夠賺到錢呢？」如果沒有從這樣的觀點去思考的話，錢就不會進入自己的口袋。

就算自家公司禁止副業也沒關係。首先，嘗試去做才是最重要的。公司方面，就等賺到錢之後再報告就行了。以公司禁止從事副業為由，而不採取行動的人，今後也很難賺到錢。

只要不採取任何行動，就不會有開始。**如果想賺錢，就要採取行動**。網路上到處都有部落格、note、Twitter 等各類社群平台，這些都是現在馬上就可以開始採取行動的工具。

做或不做。一念之間，你的生涯年收入就會有巨大的改變。

第五章

使生涯年收入
最大化生存法

「薪水不是別人給的，而是自己賺來的。」
藉由轉職和副業的相乘，開拓自己的無限可能！

在本業努力取得成果，然後再帶著那個成果轉職。

接著，再以個人名義，把本業取得成果時所獲得的知識分享出去，以其為副業。

我**用轉職和副業「乘以」本業的成果**，得到了生涯年收入最大化的結果。截至目前在職涯上所得到的一切，全都在本書做了說明。

在最後的第五章，我想跟大家分享的則是，使生涯年收入最大化的「生存方法」。

即便副業年收入千萬，仍不辭退上班族工作的理由

「明明副業的收入那麼多，為什麼不辭退體制內的工作呢？」常有人這麼問我。

就像本書所陳述的，我的副業的資訊來源是「上班族的經驗」。因此，如果辭掉上班族的工作，我就沒辦法更新自身的經驗或知識，就很難靠副業賺錢。

有利於他人的資訊，必須是最新且最根本的。在從事上班族工作的同時，努力取得相關資訊，就等同於採購「個人商品」的行為。另外，我的副業收入多半仰賴於「部落格」，這一點也是我不辭退上班族工作的理由之一。

部落格或 YouTube 之類的媒體，全都建立在 Google 之上。如果自立門戶，就必須處於仰賴 Google 生存，不知道未來會變得如何的狀態。這就意味著，自立門戶的風險遠大於身為一個上班族。

「如果部落格可以讓自己賺到與公司薪資相同金額的錢，那就自立門戶吧！」我也曾看過這樣的言論，不過，即便是已經年賺數千萬日圓的我，仍然不會選擇只靠部落格就自立門戶。因為風險實在太大了。

另外，單靠部落格自立門戶，也會大幅減少自己與社會接觸，以及個人精進的機會。精進的機會一旦減少，最終就只能以「自己的人生」為話題，談論日常生活的形式，過著「自轉車操業[18]」的生活。

把機會從自己的人生中「減掉」，很可能讓未來變得狹隘，是非常危險的事情。曾經一度造成熱門話題，「為了靠部落格自立門戶而放棄大學」的學生，現在在哪裡做些什麼呢？**世界的潮流趨勢十分快速，熱度很快就會被消耗殆盡**。

「上班族最好不要讓自己成為被公司搾取、剝削的社畜[19]」，曾有一段時期吹起這樣的風潮。可是，就我個人來說，我並不認為上班族這樣的形態是社畜，**工作上的「立場」才是關鍵**。

總是仰賴於公司的人，或許真的是社畜，但是，不仰賴於公司，透過副業或社外活動，使自己更加活躍的上班族，並不是社畜。

相反的，若選擇當個自由工作者（Freelancer），卻老是得看顧客的臉色吃飯，說穿了，這樣的情況其實跟社畜沒什麼兩樣。**問題不在工作的型態，而是自己的工作方式**。

我選擇了利用公司實現個人職涯，把過程所得到的知識回饋在副業上面，使生涯年收入達成最大化的工作方式。所以今後我仍會持續選擇上班族這個職業。

如果閱讀本書的各位，未來也能靠副業賺到與本業相同的金額，我同樣也不建議馬上辭退上班族的工作。

不管怎麼說，至少每星期從事上班族的工作三天，然後每周保留兩天的時間，隨著自己的心意悠閒度過，持續和人群、社會保持接觸，不過度偏離群體生活會比較好。

18　自轉車操業：日本的經濟用語。意指必須左手借、右手還，才能勉強營運下去的公司經營狀態，取「自行車若不持續踩（一手借錢、一手還錢）就會翻覆」之意。

19　社畜：社畜是日本用於形容上班族的貶義詞，指如同牲畜般毫無自由意志，乖順聽命於公司的員工。

透過轉職和副業的相乘，成為「萬中選一」的人才

轉職和副業是任何上班族都能夠運用的「技術」。可是，懂得把兩者放在一起，建構個人職涯的人並不多。

在職涯的建構上，我一直十分拘泥於自己的市場價值。而我在過程中所建構出的，就是**「轉職和副業的相乘」**。

我把大賣場人事工作的績效，套用在轉職上，藉此提高了年收入，之後，再把反覆轉職的經驗運用在副業上，使年收入有了更進一步的提升。同時，更奔走於各個業界，藉此提高個人的市場價值。

提高市場價值的關鍵是，職涯的「相乘」。本書介紹的「主軸轉移轉職」就是在提高市場價值的過程中所得到的轉職方法。

另外，副業方面也一樣，把利用本業獲得的多個領域的知識積存起來，再連同得到的資訊一起對外發表，就可以提升個人的品牌形象。

不管是本業、副業或轉職，都必須「相乘」。

在乘法當中，原本的數值越大，相乘後的所得就會更大。所以，在本業提高足夠的經驗和成果，使數字變大，是非常重要的事情。原本的數值如果太小，不論再怎麼相乘，市場價值仍然不會提升。

在某領域突破重圍，成為「百萬選一的人才」是非常困難的事情，但是，在本業不斷努力，成為特定領域中「百中選一」的存在，卻是有可能成立的情況。

同樣的，轉職之後，如果能夠在其他領域成為百中選一的存在，就能夠以一百乘一百的方式，成為「**萬中選一的人才**」。

若要以公司員工的身份工作，就必須持續當個企業要求的「高市場價值的人才」，同時不可以當個只仰賴公司的人才。請把本業所得的知識和副業相乘，藉此提高「個人的賺錢能力」。

那就是提高生涯年收入的「生存方法」。

■透過轉職和副業的相乘，成為萬中選一的人才

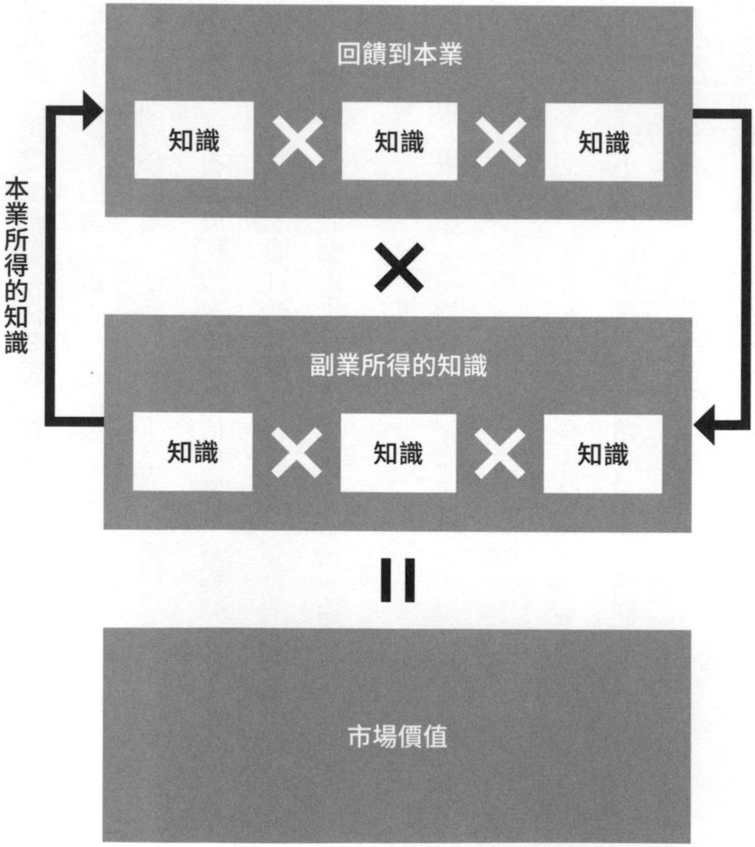

以生涯收入總額八億日圓的上班族為目標

據說日本上班族的生涯收入總額平均為二點五億日圓。這是從二十二歲開始工作，直到六十五歲退休所賺取的金額。

我個人**把生涯收入總額的目標設定為八億日圓**。因為根據我個人想要的事物來計算，我必須有八億日圓才行。

據說，即便是國內最大規模的商社，生涯收入總額最高也只能達到六億日圓。

畢業後進入公司，剛開始十年期間的平均年收入大約是一千萬日圓，之後十年期間的平均年收入大約是一千五百萬日圓，直到退休前的平均年收入大約是一千八百萬日圓，最後就是退休金，大約可以拿到三千萬日圓，以這樣的計算來看，總計就可以超過六億日圓。

可是，若要在大公司生存，就必須有所覺悟。

就算什麼雜事都得做，甚至薪資和能力比自己低的人相同，都不能有任何怨言，就算上司再怎麼沒用，永遠只能畢恭畢敬，就算提出不合理的案件，仍必須面不改色地接受。

即使在公司外面活躍的朋友們看起來非常令人羨慕，你依然只能忍耐，笑著告訴自己，「一切都是為了成功」。

這樣的情況必須持續長達四十年以上之久。

不僅如此，還有統計報告指出，因為業務繁重的關係，他們的平均壽命通常都很短。

拿命換錢的做法簡直是愚蠢至極，至少我是這麼認為的。

那麼，如果**放棄國內頂尖的商社**，又該怎麼**賺到「生涯收入總額八億日圓」**呢？

以單純的計算來看，大學畢業之後，一直到六十五歲退休之前的四十三年期間，如果年收入是一千萬日圓的話，生涯收入總額頂多只有四億三千萬日圓。應屆畢業到退休的期間，如果持續賺到年收入兩千萬日圓，就會有八億六千萬日圓。

當然，在二十二歲就賺到年收入兩千萬日圓，同時持續到六十五歲，幾乎是不可能的事情。可是，如果可以在二十歲期間加強賺錢的基礎，在三十～五十歲的二十年期間，賺到年收入四千萬日圓的話，就可以達到「生涯年收入總額八億日圓」的目標。

聽起來或許有點不切實際，但事實上，現年三十二歲的我，已經可以賺到年收入五千萬日圓。我早已經賺到剛畢業在大賣場任職時遙不可及的生涯年收入總額了。

正因為我把本業的成果乘以轉職和副業，才能夠實現這樣的數字。當然，單靠上班族的薪資，終究是不可能實現的。

雖然我至今仍然沒有實際的感受，但是，我認為就是因為我在當初畢業進入大賣場之前制定了這樣的目標，並為了達到目標而持續行動，才能夠有這樣的結果。

我一直認為**「沒有採取行動，就是最大的失敗」**。

轉職、副業，並沒有什麼特別，是任何人都能使用的手段。

其實，我周遭也有幾個朋友，同樣也是透過轉職和副業的相乘來建構自己的職涯。我的某個朋友，在畢業後進入默默無名的企業，之後歷經三次的主軸轉移轉職，最後進入了大型的外商企業。

在副業方面，他經營的是部落格，主要內容為分享他個人喜歡的小機件，現在每個月可以賺到數百萬日圓。他的部落格內容也在本業上獲得讚賞，因而轉調到他所希望的網路行銷部門。

除此之外，還有人歷經六次的轉職，在領取年收入二千七百萬日圓的同時，靠副業月入數十萬日圓；也有人在一次轉職之後，年收入領取四百三十萬日圓，同時靠副業月入二十萬日圓。這類有效運用轉職和副業來增加年收入的人，正在逐漸增加。

最重要的是採取行動。

做與不做。單是這樣的念頭差異，就能改變你的生涯年收入。今後我也將持續朝「生涯收入總額八億日圓」的目標邁進。

轉職和副業的相乘

一開始就曾經說過，在今後的時代裡，就算認真工作，乖順地聽從公司指示，也無法提高年收入和職涯。**必須放棄對公司的依賴，利用在公司得到的機會，提高自己的價值，同時透過轉職或副業，把對於社會的提供價值最大化。**

在平日的工作裡，堅持取得成果，把自己的成果套用在轉職和副業上面，藉此使生涯年收入最大化。我認為這種方法是渡過令和時代、迎向嶄嶄局面的解答之一。

我的職涯從大賣場年收入二百四十萬日圓開始，藉由轉職和副業的相乘，達到本業年收入一千萬日圓、副業年收入四千萬日圓的成果。

可是，我現在仍只是在半路上。未來，我絕對不會仰賴公司，今後仍會一邊藉由轉職和副業的相乘，邁向過去仍未曾見過的職涯。

「薪水不是別人給的，而是自己賺來的。」

最後就以帶有警惕意味的這句話來收尾吧！

結語
「想賺錢」這樣的慾望，一點都不可恥

父親在我二十五歲的時候死於癌症。我非常感謝父親的養育之恩，至今仍然持續追隨著父親的各種教誨。從事自營業的父親常說：「上班族是個十分無趣的職業，不是人幹的。」不過，我現在卻十分享受上班族的生活。

如果父親看到現在的我，他會有什麼想法呢？我總是一邊想像著，一邊繼續以自己的方式過著自己的人生。

就讀短期大學的時期，我對手錶和車十分感興趣，因而有了「想變成有錢人」的強烈想法。就算沒錢也能辦到，和沒錢就辦不到，我希望成為兩種經驗都有的大人。這個希望至今仍沒有改變，這便是我實現賺錢職涯的強烈原動力。話說回來，還記得我小學的時候，一直很想買LEGO。

再也沒有比慾望更能驅動人的原動力。

我想「沒有想做的事情」，或是「沒有目標」的人應該也有很多，這個時候，請參考第三章「沒有想做的事的人的職涯描繪方法」，試著想像自己想成為的樣子。我也曾經是個沒有想做的事的人，但之後我把「想賺錢」這個願望當成「目標」，實現了這樣的職涯。如果這樣的想法，能夠幫助到大家，那就太開心了。

很多人都為了實現自己的願望而發展職涯。例如，我在瑞可利認識的前輩NM。他有個強烈的願望，「希望在目黑蓋一間房子。擁有屬於自己的城堡」，他在我進公司的第一天留下了這麼一段話，「瑞可利沒辦法讓我賺到買公寓的錢。不能再這麼下去了。所以我決定轉職。你還是考慮轉職會比較好」很快地，他就辭退了瑞可利。

他歷經三次的轉職，目前在某投資信託任職。他在瑞可利時代的年收入是八百萬日圓，但在職涯發展之後，他現在已經成為一名年賺數億日圓的上班族了。雖然他還沒有在目黑買下房子，不過，他為了實現個人願望而努力發展職涯的態度，仍然令我十分敬佩。

「想變成有錢人」或是「想賺錢」這樣的慾望，一點都不可恥。

當然，錢並非萬能，而且比起賺錢的這個目的，賺錢過程中所得到的經驗和人脈，肯定是提高人生幸福度的要素。工作和人脈是金錢所買不到的，這些絕對是更重要的資產。

可是，金錢是生活上絕對必須的。

雖然我有五千萬日圓的年收入，可以買自己想要的東西，但是，我仍然是個租屋族，付著每個月十六萬日圓的房租；行動電話採用低月租費；三餐因為小時候受到限制的關係，大多都是吃速食或是泡麵；衣服被我當成消耗品，所以我只會在打折的時候進行採買。

即便是個上班族，因為不知道未來會變得如何，所以我總是會注意，不要過度提高生活水準，就連感興趣的手錶或是奢侈品，也都是選購不會貶值的種類。

錢是保護自己的工具之一。除了賺錢之外，花錢的方法也很重要。

我今後仍會以「生涯收入總額八億日圓」為目標，貪婪地採取行動。我還有很多想要的東西，我也想看看那些只能透過賺錢才能看到的「未曾看過的景色」。所以，我要盡自己的一切所能，持續增加收入，創造未來的自己。

再重申一次，未來的上班族必須把重心放在「個人」的價值，「把重心放在市場價值」、「評估沒有招牌的自己能做的事情」、「掌握自己的價值」都是必要的想法。如果能夠以這些觀點和思考模式為前提，重新閱讀這本書的話，就算缺乏「小技巧」，應該也能夠使用那些具體的專業知識。

「只要願意」，永遠都不會太晚。如果這本書，可以稍微改變大家的觀念，促使大家採取行動，那將是我的榮幸。

最後，我想在這裡感謝一直以來支持我的同事、透過Twitter、note或voicy等媒體，給予我溫暖支持的所有人。

我之所以能有今天，全都得感謝大家。真的非常感謝大家。今後也請多多指教。另外，還要感謝提供許多建議的前輩NM，感謝他提供許多寶貴的意見給我，真的非常感謝。

還有跟我一起編撰本書的扶桑社的秋山、Momentum Horse的長谷川、OBARA。有機會的話，下次再一起共事吧！我也會持續地成長，期待那一天的到來。

二〇一九年八月 moto

職場方舟 0ACA4013

個人無限公司

轉職和副業的相乘×生涯價值最大生存法

転職と副業のかけ算 生涯年収を最大化する生き方

作　　者　moto
翻　　譯　羅淑慧
書封設計　張天薪
內文版型　楊廣榕
編輯協力　張婉婷
責　　編　盧羿珊（初版）、謝宥融（二版）
行銷主任　許文薰
總 編 輯　林淑雯

讀書共和國出版集團
社長　郭重興
發行人兼出版總監　曾大福
業務平臺總經理　李雪麗
業務平臺副總經理　李復民
實體通路協理　林詩富
網路暨海外通路協理　張鑫峰
特販通路協理　陳綺瑩
實體通路經理　陳志峰
印務　江域平、黃禮賢、林文義、李孟儒

出 版 者　方舟文化／遠足文化事業股份有限公司
發　　行　遠足文化事業股份有限公司
地　　址　23141 新北市新店區民權路 108-2 號 9 樓
電　　話　+886-2-2218-1417
傳　　真　+866-2-8667-1851
劃撥帳號　19504465
戶　　名　遠足文化事業有限公司
客服專線　0800-221-029
E-MAIL　service@bookrep.com.tw
網　　站　http://www.bookrep.com.tw/newsino/index.asp
排　　版　菩薩蠻電腦科技有限公司
製　　版　軒承彩色印刷製版有限公司
印　　刷　通南彩印股份有限公司
法律顧問　華洋法律事務所｜蘇文生律師

方舟文化 官方網站
方舟文化 讀者回函

定　　價　380 元
初版一刷　2020 年 7 月
二版一刷　2022 年 6 月

缺頁或裝訂錯誤請寄回本社更換。
歡迎團體訂購，另有優惠，請洽業務部（02）22181417#1124、1125、1126

転職と副業のかけ算 生涯年収を最大化する生き方
Original Japanese title: TENSHOKU TO FUKUGYO NO KAKEZAN
by moto

國家圖書館出版品預行編目 (CIP) 資料

個人無限公司 : 轉職和副業的相乘x生涯價值最大化生存法/
moto著 ; 羅淑慧譯. -- 二版. -- 新北市 : 方舟文化出版 : 遠足文
化事業股份有限公司發行, 2022.06
面 ;　公分. -- (職場方舟 ; ACA4013)
譯自 : 転職と副業のかけ算 生涯年収を最大化する生き方

ISBN 978-626-7095-47-8(平裝)

1.CST: 生涯規劃 2.CST: 職場成功法

494.35　　　　111007436